Gerhard Lang
Militär-Jets

Titelbild: Frank Vetter

Rücktitel: Saab

Die Deutsche Bibliothek – CIP-Einheitsaufnahme

Ein Titeldatensatz für diese Publikation ist bei
Der Deutschen Bibliothek erhältlich

ISBN 3-7654-7220-4

© 2001 by GeraMond Verlag
im Hause GeraNova Zeitschriftenverlag GmbH, D-81602 München

1. Auflage 2001

Redaktion: Peter Pletschacher
Herstellung: Jakob Werth, Hubert Bertele
Druck: Printer Trento s.r.l.
Printed in Italy

Gerhard Lang

Taschenbuch
Militär-Jets

Geschichte · Typen
Technik

GeraMond

Die Anfänge der
militärischen Luftfahrt — Seite 5
Aermacchi MB 339 — Seite 32
Aero L-39/L159 Albatros — Seite 36
AMX International AMX — Seite 40
Boeing AV-8B Harrier II — Seite 44

Boeing B-1B Lancer — Seite 48
Boeing B 52H — Seite 52
Boeing F-15A/B Eagle — Seite 56
Boeing F-15C/D Eagle — Seite 60
Boeing F-15E Eagle — Seite 64
Boeing F/A-18A/B Hornet — Seite 68
Boeing F/A-18E/F Super Hornet — Seite 72
British Aerospace Harrier — Seite 76

British Aerospace Sea Harrier — Seite 80
British Aerospace Hawk — Seite 84
CASA C-101 Aviojet — Seite 88
Dassault/Dornier Alpha Jet — Seite 92
Dassault Mirage III — Seite 96
Dassault Mirage F.1 — Seite 100
Dassault Mirage 2000 — Seite 104

Dassault Rafale — Seite 108
Dassault Super Etendard — Seite 112
Eurofighter F2000 Typhoon — Seite 116
Fairchild A-10 Thunderbolt II — Seite 120

Lockheed Martin F-16A/B — Seite 124
Lockheed F-117A — Seite 128
Lockheed Martin F-22 Raptor — Seite 132
McDonnell Douglas F-4 — Seite 136
Mikojan-Gurewitsch MiG 21 — Seite 140
Mikojan-Gurewitsch MiG-29 — Seite 144
Northrop F-5A/B — Seite 148
Northrop F-5E/F Tiger II — Seite 152

Northrop Grumman B-2A — Seite 156
Northrop Grumman F-14 — Seite 160
Panavia Tornado — Seite 164
Saab 35 Draken — Seite 168
Saab 37 Viggen — Seite 172
Saab JAS 39 Gripen — Seite 176
SEPECAT Jaguar — Seite 180
Suchoj Su-25 Frogfoot — Seite 184
Suchoj Su-27 Flanker — Seite 188

Die Anfänge der militärischen Luftfahrt

Der Jagd-Doppelsitzer Bristol F.2B Fighter gehörte zu den erfolgreichsten Flugzeugen im Ersten Weltkrieg und war noch lange danach im aktiven Einsatz.

Bereits Jahrtausende vor dem Ersten Weltkrieg haben die Chinesen Raketen als Waffen eingesetzt. In Europa und in Amerika wurden Ballone für militärische Zwecke wie die Aufklärung verwendet. In den Jahren des Ersten Weltkriegs aber wurden erstmals Luftfahrzeuge schwerer als Luft mit Waffen ausgerüstet und als Jagdflugzeuge, Erdkampfflugzeuge und Bomber eingesetzt. Dabei hat sich schnell gezeigt, daß wer die Luftherrschaft hat, sich auch am Boden frei bewegen kann.

Der erste belegte Einsatz eines bemannten Flugzeugs in einer kriegerischen Auseinandersetzung erfolgte 1911, als die mexikanische Regierung Rebellenstellungen aus der Luft aufklären wollte. Über den Erfolg dieser Aktion ist allerdings nichts bekannt. Ebenfalls 1911 setzte Italien in einem Krieg gegen die Türkei Flugzeuge und Luftschiffe ein. Auch im Balkankrieg 1912 kamen Flugzeuge zum Einsatz. Bei allen diesen Einsätzen waren die Flugzeuge unbewaffnet und wurden zur Aufklärung eingesetzt.

Die Fokker E III war auf deutscher Seite eines der ersten Flugzeuge mit einem starr eingebauten Maschinengewehr.

Die Anfänge der deutschen Militärfliegerei reichen zurück bis zum Juli 1910. In diesem Monat wurde in Döberitz bei Berlin die erste deutsche Militärfliegerschule unter Hauptmann de le Roi eröffnet. Ihm stand zu Beginn jedoch nur ein einziger verspannter Gitterrumpf-Doppeldecker des französischen Typs Farman F.1 zur Verfügung. Sie konnte einen Piloten und einen Flugschüler oder einen Beobachter befördern, war mit einem 50 PS Gnôme-Motor ausgerüstet und erreichte eine Höchstgeschwindigkeit von 65 km/h. Diese Flugmaschine wurde von den Albatros Werken in Berlin-Johannisthal, wo sie in Lizenz gebaut wurde, zur Verfügung gestellt. Die ersten Flüge mit der F.1 wurden am 25. Juli 1910 durchgeführt. In Döberitz diente sie in erster Linie als Schulflugzeug, konnte aber auch bei Manövern für die Sichtaufklärung verwendet werden. An den Ausbildungslehrgängen nahmen im Durchschnitt jeweils 30 Offiziere und Unteroffiziere teil. Die theoretische und praktische Ausbildung dauerte rund drei Monate und nach 30 bis 35 Schul- und zehn Alleinflügen wurde im Normalfall das militärische Pilotenzeugnis erteilt. Im April 1911 wurde die Fliegerschule Döberitz in „Lehr- und Versuchsanstalt für Militärflugwesen" umbenannt. Ende 1911 hatte die Militärfliegerschule 22 Flugzeuge in ihrem Bestand, darunter auch sechs Rumpler Tauben.

Trotz positiver Ergebnisse, die die beim Kaisermanöver im Herbst 1911 eingesetzten Flugzeuge erbrachten, wurde der Einsatz von Flugzeugen durch die oberste militärische Führung noch äußerst skeptisch beurteilt.

Als erste Fliegertruppe in Deutschland wurde die Preußische Fliegertruppe aufge-

Eines der bekanntesten Flugzeuge der Welt ist die Messerschmitt Bf 109. Hier die Bf 109G-10, die Hans Dittes wieder flugklar restauriert hat.

stellt. Besondere Verdienste erwarben sich dabei Oberst i.G. Erich Ludendorff und Major von der Lieht-Thomsen, die in Döberitz wiederholt an Flügen teilnahmen und das Kriegsministerium schließlich von den militärischen Möglichkeiten des Flugzeugs überzeugen konnten.

Die Königlich Preußische Fliegertruppe wurde am 1. Oktober 1912 offiziell aufgestellt. Ihr erster Inspekteur wurde Oberst von Eberhardt. Angeschlossen waren ein württembergisches und ein sächsisches Kontingent. Die Fliegertruppe, die aus vier Fliegerbattaillonen bestand, hatte ihre Heimatstandorte in Döberitz, Darmstadt, Straßburg und Metz. Personalmäßig setzte sie sich am Anfang aus 21 Offizieren und 306 Unteroffizieren sowie Mannschaften zusammen. Eingesetzt wurden Flugzeuge der verschiedensten Typen. Bis Ende 1912 gehörten zum Flugzeugbestand bereits 153 Maschinen. Auch in den anderen Staaten Deutschlands entstanden Militärflugabteilungen. In Bayern entwickelte sich in den Jahren 1910/1911 aus dem Bayerische Ingenieurkorps eine Fliegertruppe, die in Puchheim und Oberwiesenfeld stationiert war. Am 1. Januar 1912 erfolgte in München die Aufstellung eines Fliegerkommandos, das bis 1913 der Bayerischen Luftschiffer-Abteilung unterstellt war. Anschließend wurde das Fliegerkommando in Oberschleißheim ein selbständiges Fliegerbataillon, dessen Kommandeur Major Stempel wurde. Zur Ausrüstung gehörten zweisitzige Otto-Doppeldecker, die in Gitterrumpfbauweise hergestellt waren. Angetrieben wurden die Doppeldecker von einem 100 PS Argus-Motor mit Zweiblatt-Druckpropeller. Später kamen noch einige Euler-Doppeldecker

Nachbau des roten Dreideckers von Manfred Freiherr von Richthofen, durch den die Fokker Dr I berühmt wurde.

dazu. 1913 wurde der Flugzeugpark dem der Preußischen Fliegertruppe angepaßt mit einem Flugzeugbestand von 99 Maschinen.

Das Flugzeug im Ersten Weltkrieg

Während des Ersten Weltkrieges entwickelte sich das Flugzeug zu einer ernsthaften Waffe. Als der Krieg am 2. August 1914 ausbrach, gab es bei den Luftstreitkräften nur vereinzelt einsitzige Flugzeuge. Die Besatzung der vorhandenen Flugzeuge bestand in der Regel aus dem Piloten und dem Beobachter, wobei der Beobachter im Normalfall auch der Kommandant des Flugzeugs war. Der Beobachter besaß einen Karabiner oder eine Pistole, die auch eingesetzt wurden, wenn sich feindliche Flugzeuge in der Luft begegneten und auf Schußnähe herankamen.

Die Preußische Fliegertruppe und das Bayerische Fliegerbataillon verfügten zu Beginn des Krieges über mehr als 450 Flugzeuge, von denen rund 300 eingesetzt werden konnten. Die Flugzeuge waren auf 34 Feldfliegerabteilungen, sieben Festungsfliegerabteilungen, acht Etappenflugzeugparks und fünf Fliegersatzabteilungen verteilt. Meistens handelte es sich um unbewaffnete zweisitzige Doppeldecker sowie einige zweisitzige Etrich-Rumpler Tauben die in erster Linie für die Luftaufklärung verwendet wurden.

Auf französischer Seite standen bereits Flugzeuge in Einsatz, die mit Maschinengewehren bewaffnet waren, die vom Beobachter bedient wurden. Dadurch verloren die deutschen Fliegertruppen relativ viele Maschinen und die Aufklärungsflüge gingen spürbar zurück. Die gegnerische Flugzeuge konnten weitgehend ungehindert über den deutschen Linien operieren und das eigene Artilleriefeuer lenken.

Angeblich hat Sergeant-Major Tillings von der 2. Squadron des Royal Flying Corps am 22. August 1914 einen deutschen Zweisitzer mit dem Gewehr abgeschossen. Teilweise waren die englischen Zweisitzer mit einem leichten Lewis-MG ausgerüstet, diese wurden aber aber am Anfang des Krieges nicht nach Frankreich verlegt. Im August 1914 baute der britische Leutnant L. A. Strange in einen Farman-Doppeldecker ein MG ein und versuchte erfolglos, ein deutsches Flugzeug abzuschießen. Am 5. Oktober 1914 gelang es Joseph Frantz, der in einer Voisin mit Druckpropellern flog, eine deutsche Aviatik mit seinem MG abzuschießen.

Auf Grund der Mißerfolge wurde die Führung der deutschen Flieger neu organisiert. Im März 1915 wurde die Dienststelle eines Chefs des Feldflugwesens eingerichtet, die von Major i. G. von der Lieth-Thomsen geleitet wurde. Unterstützung erhielt er von Major Wilhelm Siegert. Unter ihrem Befehl wurde die gesamte Fliegertruppe neu gegliedert und die Beschaffung leistungsfähiger Flugzeuge für die Frontverbände in die Wege geleitet.

Durch den Einbau eines von Raymond Saulnier konstruierten MGs im Februar 1915 in einen Morane-Saulnier L Hochdecker verfügten die Franzosen als erste über ein bewaffnetes Flugzeug, mit dem man nach vorne durch den Propellerkreis schießen konnte. Da dieses MG aber noch nicht sychronisiert war, bestand die Gefahr, daß der eigene

Das englische Gegenstück zur Fokker Dr I, die Sopwith Triplane.

Eine Focke Wulf Fw 190 bei den letzten Startvorbereitungen.

Propeller getroffen wurde. Aus diesem Grund wurden die Propellerblätter mit Ablenkblechen beschlagen. Roland Garros konnte mit dieser Maschine innerhalb von drei Wochen fünf deutsche Flugzeuge abschießen. Garos mußte im April 1915 mit einem ausgefallenen Motor hinter den deutschen Linien notlanden und geriet in Gefangenschaft.

Das Flugzeug fiel deutschen Truppen in die Hände, wurde wieder instandgesetzt und nach Berlin überflogen. Man baute das System sofort nach, kam aber zu keinen ausreichenden Ergebnissen.

Bei Fokker wurde innerhalb kürzester Zeit eines der neuen 7,92 mm-Parabellum-MG in einen M5K-Eindecker eingebaut, das ebenfalls durch den Propellerkreis schoß. Eine grundlegende Neuerung war jedoch die Synchronisierung, die verhinderte, daß sich ein Schuß löste, wenn sich ein Propellerblatt gerade vor der Mündung des MGs befand.

Die Versuche mit der Fokker M5K/MG verliefen zufriedenstellend und das Synchronisationsgetriebes wurde in Serie gefertigt. Die nun zur Auslieferung gekommenen Flugzeuge wurden als Fokker E 1 bezeichnet. Die Maschine war als Eindecker ausgelegt und war das erste echte Jagdflugzeug in der Geschichte der deutschen Militärluftfahrt. Ein erster erfolgreicher Einsatz mit einer Fokker E 1 erfolgte am 1. Juli 1915. Damit verfügten die deutschen Streitkräfte über eine erfolgreiche Waffe und konnten bis Mitte 1915 die Lufterschaft erringen.

Aber den Deutschen erging ihnen wie zuvor den Franzosen und eine deutsche Maschine mußte hinter der Front notlanden und so konnte das Geheimnis gelüftet werden. Mit Unterstützung des Rumänen George Constantinescu bauten die französischen und britischen Konstrukteure ebenfalls ein MG, das durch den Propellerkreis schießen konnte. Auf französischer Seite wurde jetzt

Die Messerschmitt Me 262 war das erste Jagdflugzeug mit Strahlantrieb, das zum Einsatz kam.

die Nieuport II und die Morane N gebaut, die mit diesem MG ausgerüstet waren. In England entstanden die D.H. 2 und die F.E. 2b. Bei diesen Flugzeugen handelte es sich um Maschinen mit Gitterschwanz und Druckpropeller, wobei nicht die Gefahr bestand, den eigenen Propeller zu treffen. Damit konnte 1916, wenn auch nur für kurze Zeit die Luftüberlegenheit für die Luftstreitkräfte Frankreichs und das R.F.C. wieder errungen werden. Dies sollte sich wieder ändern, als gegen Ende 1916 auf der deutschen Seite die Doppeldecker Albatros D I und D II sowie die Halberstadt D II an die Front kamen.

Auch bei der Bewaffnung zweisitziger Flugzeuge gab es eine Neuerung. Der Beobachter erhielt zur Selbstverteidigung ein in einem Drehkranz angeordnetes MG. Von seinem Platz aus hatte er ein großes Schußfeld nach hinten und auf beiden Seiten. Damit wurde Anfang 1915 zunächst ein Aviatik B II Doppeldecker ausgerüstet. Diese MG-

Anordnung wurde zur Standardbewaffnung aller mehrsitzigen Flugzeuge der Fliegertruppe. Im April 1915 kamen die ersten entsprechend bewaffneten Maschinen zu den Frontverbänden.

Eine größere Anzahl von Flugzeugen wurde zum ersten Mal bei der Somme-Schlacht 1915 eingesetzt, wo 100 Flugzeuge des R.F.C. mit Bomben und Bordwaffen in die Bodenkämpfe eingriffen.

Riesenflugzeuge

1915 wurden zwei Feldfliegerabteilungen aufgestellt, die mit Großflugzeugen ausgerüstet waren. Als Großflugzeuge wurden Doppeldecker bezeichnet, die eine Spannweite von 16 bis 30 m hatten. Von dem dreisitzigen Doppeldecker Gotha G I wurden 1915 noch 18 Maschinen gebaut. Die Triebwerkanlage bestand aus zwei wasser-

Die Junkers Ju 88 war neben der Heinkel He 111 der Standardbomber der deutschen Luftwaffe.

gekühlten Sechszylinder-Reihenmotoren Benz Bz.III mit je 115 PS Startleistung mit je einer Zweiblatt-Holzluftschraube. Das Startgewicht lag bei 2800 kg. Die Bombenlast betrug 200 kg und im A-Stand verfügte sie über ein bewegliches 7,92 mm MG. Auf Anforderung der Truppe wurde 1915 auch noch das „Riesenflugzeug" entwickelt, das höhere Bombenlasten über größere Reichweiten befördern konnte. Siemens baute das erste Riesenflugzeug mit der Bezeichnung R I. Als Antrieb waren drei Benz Bz.III Motoren eingebaut. Die Maschine wog 5200 kg und konnte 500 kg Bomben mitführen. Im Juni 1915 wurde sie nach Döberitz überführt. Bewaffnet war sie mit einem beweglichen 7,92 mm MG im Drehkranz auf dem Mittelstück des Oberflügels. Über die Jahreswende 1915/1916 wurde die R I erstmals an der Ostfront eingesetzt. Außer Siemens entwickelten und bauten noch fünf weitere Firmen R-Flugzeuge. Bei Zeppelin-Staaken entstand die fünfmotorige R XIV mit einer

Spannweite von 42 m. Sie hatte ein Startgewicht von über 14.000 kg und sechs Mann Besatzung. Die Abwehrbewaffnung bestand aus vier 7,92 mm MG. Die Bombenlast von 1000 kg wurde im Rumpf und an Außenstationen mitgeführt. Insgesamt wurden in Deutschland 64 R-Flugzeuge verschiedener Typen gebaut.

Der Luftkrieg im Westen war ab Februar 1916 vor allem durch die schweren Kämpfe bei Verdun geprägt. Auf deutscher Seite kam erstmals ein größerer Verband im März 1916 bei Verdun zum Einsatz. Bis zum April 1916 erhielt die Fliegertruppe insgesamt 180 E-Flugzeuge. Diese wurden in den kommenden Monaten von den neuen Jagdeinsitzern Albatros D.I und D.II abgelöst. Beiden Typen waren als Doppeldecker ausgelegt und besaßen zwei nach vorn feuernde 7,92 mm MG. Dank des Mercedes D.III Motors mit einer Leistung von 160 PS erreichten sie eine Höchstgeschwindigkeit von 175 km/h. Von der Weiterentwicklung Albatros D III wurden

1352 Maschinen gebaut. Die ersten sieben Jagdstaffeln der Fliegertruppe wurden im August 1916 aufgestellt, die mit je 14 D-Flugzeuge ausgerüstet waren. Die Fliegertruppe hatte zu dieser Zeit 1144 einsatzklare C, D und G-Flugzeuge. Auch in Frankreich und England blieb die Entwicklung nicht stehen und so kamen im Herbst 1917 neue Flugzeuge an die Front, die den deutschen teilweise überlegen waren. Wiedereinmal wurde die deutsche Fliegertruppe umstrukturiert. Am 8. Oktober 1916 wurde die Dienststelle des „Kommandierenden Generals der Luftstreitkräfte" (Kogenluft) geschaffen, die von Generalleutnant Ernst von Hoeppner geführt wurde. Sein Stabschef wurde Oberstleutnant Thomsen. Die offizielle Bezeichnung Luftstreitkräfte für alle Flieger-, Luftschiff- und Fliegerabwehrverbände wurde am 20. November 1916 eingeführt.

Die Einsatztaktiken wurden auf Grund der gemachten Erfahrungen ständig verändert und den Gegebenheiten angepaßt. So wurden bereits 1917 von beiden Parteien Einsätze gegen Bodentruppen mit Bordwaffen geflogen.

Bis zum Frühjahr 1917 erfolgte der Ausbau der deutschen Jagdwaffe. In diesem Zeitraum sollten 36 Staffeln mit je 14 Maschinen einsatzbereit werden. In den ersten fünf Monaten des Jahres 1917 konnte die Entwicklung leistungsfähiger Flugzeuge abgeschlossen und diese anschließend ausgeliefert werden. Dazu gehörte die Albatros D V und der legendäre Fokker Dr I Dreidecker, von dem 320 Maschinen gebaut wurden. Die Dr I war mit zwei durch den Propellerkreis feuernden MG 08/15 ausgerüstet. Berühmt wurde diese Maschine vor allem durch Manfred von Richthofen, der das Jagdgeschwader 1 führte und bis zum 21. April 1918 achtzig Luftsiege errang.

Am 4. April 1917 traten die USA in den Krieg ein. Da die USA zu diesem Zeitpunkt nur über 56 Militärflugzeuge verfügten, wurden die

Nur wenige Ju 88 haben den Krieg überlebt. Diese Maschine steht in einem Museum in den USA.

Die Messerschmitt Me 163, der erste Raketenjäger im aktiven Truppendienst.

amerikanischen Staffeln mit französischen und englischen Flugzeugen ausgerüstet. Nach dem Kriegseintritt der USA wurde eine weitere Aufstockung der Jagdstaffeln bis März 1918 auf insgesamt achtzig geplant. Außerdem sollte die monatliche Produktion von Flugzeugen und Motoren erhöht werden. Inwieweit dies gelang, kann aus der folgenden Aufstellung ersehen werden.

Die Luftstreitkräfte verfügten im Frühjahr 1918 über 153 Fliegerabteilungen mit 1029 Flugzeugen, ein Jagdgeschwader mit vier Jagdstaffeln, 77 selbständige Jagdstaffeln mit 1458 Flugzeugen, 30 Schlachtstaffeln mit 180 Flugzeugen, sieben Bombengeschwader mit 144 Großflugzeugen und zwei Riesenflugzeugabteilungen mit je zwei Riesenflugzeugen. Damit verfügten die deutschen Luftstreitkräfte über 2815 Frontflugzeuge. Den französischen Luftstreitkräfte standen 2750 Maschinen und dem Royal Flying Corps

3850 Flugzeuge zur Verfügung. Eines der leistungsfähigsten Jagdflugzeuge entstand 1917. Es handelte sich um die Fokker D VII, ein von Reinhardt Platz konstruierter Doppeldecker. Im Januar 1918 gewann die D VII ein Vergleichsfliegen, worauf sie bei Fokker und Albatros in Serie gebaut wurde. Die D VII entwickelte sich zum damals besten Jagdflugzeug. Die D.VII verfügte über hervorragende Steigleistungen und Manövriereigenschaften und war für Kurvenkämpfe bestens geeignet. Es gab zwei Versionen, die D.VII mit einem 160 PS Mercedes D.IIIa und die D VIIF mit einem 185 PS BMW.IIIa. Rund 1000 Maschinen wurden hergestellt. Die Bewaffnung bestand aus zwei 7,92 mm MG LMG 08/15. Im April 1918 begann beim Jagdgeschwader 1 die Umrüstung auf das neue Flugzeug.

Unter anderem flog auch Oberleutnant Ernst Udet die Fokker D VII. Er gehörte seit März

1918 zum Jagdgeschwader 1 und führte die Jasta 4. Mit 62 Luftsiegen war er nach Manfred von Richthofen der erfolgreichste Jagdflieger des Ersten Weltkrieges.

Das Jagdgeschwader 2 erhielt im März 1918 die neuen Siemens-Schuckert D III, die sich ebenfalls bestens bewährten.

Die erste strategische schwere Langstrecken-bomber-Flotte, die von den deutschen Fliegertruppen 1916 aufgestellt wurde, flog im letzten Kriegsjahr laufend Luftangriffe am Tage wie auch bei Nacht gegen England. Dadurch wurden die Engländer gezwungen, Jagdflugzeuge von der Westfront abzuziehen, um sie zum Schutz der Zivilbevölkerung gegen die deutschen Bomber einzusetzen. Die Riesenflugzeuge hatten eine Flugdauer von acht bis neun Stunden. Sie konnten eine Tonne Bomben mitführen und verfügten zur Selbstverteidigung mehrere schwenkbar eingebaute Maschinengewehre. Den englischen Jagdfliegern gelang es im Ersten Weltkrieg nicht, die deutschen Bomber abzuwehren, aber es war der Anfang einer koordinierten Luftabwehr durch Abfangjäger-Verbände, wie sie während des Zweiten Weltkriegs bei der Luftschlacht um England und bei der Reichsverteidigung in Deutschland zur Ausführung kam.

Der amerikanische General Billy Mitchell organisierte den ersten taktischen Einsatz seiner fliegenden Verbände im Sommer 1918 bei St. Mihiel.

Am 11. November 1918 wurde im Wald von Compiegne der Waffenstillstand geschlossen. In den vier Kriegsjahren verloren die Luftstreitkräfte 6840 Mann fliegendes und technisches Personal sowie 3128 Flugzeuge. Es konnten im Westen und Osten zusammen 7783 Luftsiege errungen werden.

Das beste Jagdflugzeug auf der Seite der Alliierten war nach der Meinung der Historiker

Diese Messerschmitt Bf 109G-2Trop wurde im Krieg von den Engländern erbeutet und Anfang der neunziger Jahre wieder flugklar aufgebaut.

die französische Spad XIII, die mit einem Zwillings-MG von Vickers bewaffnet war. Dieses Jagdflugzeug wurde von einem 235-PS-Motor von Hispano-Suiza angetrieben, mit dem sie eine Geschwindigkeit von 220 km/h erreichte. Sie konnte auf eine Höhe von 7200 m steigen. 1918 waren mit der Spad XIII 16 amerikanische Jagdstaffeln ausgerüstet. Eddie Rickenbacker, der erfolgreichste amerikanische Jagdflieger des Ersten Weltkriegs, konnte auf diesem Flugzeug einen Großteil seiner Erfolge erzielen.

Eines der erfolgreichsten Flugzeuge während des Ersten Weltkriegs auf britischer Seite war die Sopwith Camel die mit zwei Vickers MGs ausgerüstet war und eine Höchstgeschwindigkeit von 180 km/h und eine Höhe von 6300 m erreichte. Mit ihr wurden mehr deutsche Flugzeuge abge-schossen als mit irgend einem anderen Flugzeugtyp der alliierten Seite.

Wenn auch von den auf der deutschen Seite eingesetzten Flugzeugen, Typen wie die Albatros D V oder der Dreidecker Fokker Dr I bekannter sind, war die Fokker D VII das beste Jagdflugzeug, das hier zum Einsatz kam. Die deutschen Jagdflieger konnten im Verlauf des Krieges mehr Flugzeuge der Alliierten abschießen, als sie selbst verloren. Am erfolgreichsten waren die Jasta (Jagdstaffel) 2, 5 und 11. Jede von ihnen konnte über 300 Luftsiege erringen bei 36, 17 und 15 eigenen Verlusten. Wenn auch die deutsche Fliegertruppe zahlenmäßig unterlegen war, so hatte sie jedoch den Vorteil, daß sie meistens über eigenem Gebiet kämpfte, und somit die überlebenden abgeschossenen Piloten wieder zu ihren Staffeln zurückkehren kon-

Am Ende des Krieges landete diese Jakowlew Jak-9D in der Schweiz.

Hauptträger des Bombenkriegs gegen Deutschland war die Boeing B-17 Fortress.

nten. Bei den Taktiken führte die deutsche Fliegertruppe als erste den Einsatz geschlossener Verbände und größerer Einheiten unter enger Führung in den Luftkampf ein. Dies hat maßgeblich zu den Erfolgen der Piloten beigetragen.

Die Jahre zwischen den Kriegen

Die grundlegenden Gesetze des Luftkampfes wurden im Ersten Weltkrieg geschrieben. Gefordert wurden starke Motoren und demzufolge eine höhere Geschwindigkeit, gute Wendigkeit und eine ausreichende Bewaffnung.

Am 10. Januar 1920 trat der Friedensvertrag von Versailles in Kraft. Deutschland mußte seine Luftstreitkräfte auflösen. Im April begann die Demobilisierung sowie die Zerstörung und Auslieferung der Flugzeuge und Motoren. Insgesamt wurden über 15.700 Jagd- und Bombenflugzeuge mehr als 27.000 Flugmotoren vernichtet oder an die Alliierten ausgeliefert. Dazu kamen noch 16 Luftschiffe, 37 Luftschiffhallen. Der Versailler Vertrag hatte nicht nur die deutschen Luftstreitkräfte, sondern auch die gesamte Luftfahrtindustrie weitgehend lahmgelegt. Er ließ lediglich ein 100.000 Mann-Heer zu, dem aber auch fast 200 ehemalige Fliegeroffiziere angehörten.

Deutschland wurde der Bau von Flugzeugen verboten. Erst im Sommer 1921 gestattete man die Wiederaufnahme des Flugzeugbaus, jedoch ausschließlich für zivile Zwecke. An eine militärische Verwendung war gemäß neuer Begriffsbestimmungen vom April 1922 überhaupt nicht zu denken. Ihre Einhaltung wurde von der Interalliierten Militär-Kontroll-Kommission (MKK) genau überwacht. Dies wurde aber teilweise umgangen, indem die Flugzeughersteller

Die Dewoitine D.520 wurden zu Beginn des Krieges von Frankreich eingesetzt.

die Fertigung und Erprobung ins Ausland, nach Italien, in die Schweiz, nach Schweden und in die UdSSR verlegten.

Aber auch die Staaten, die den Krieg gewonnen hatten, begannen ihre Streitkräfte erheblich zu reduzieren. Zum einen geschah dies in dem Glauben, daß nach den fünf Kriegsjahren so schnell keine Gefahr mehr drohen würde, zum anderen verursachte eine große Armee enorme Kosten, die es zu reduzieren galt.

Am Beispiel der Royal Air Force, wie das Royal Flying Corps seit dem 1. April 1918 hieß, soll aufgezeigt werden in welchem Umfang dies geschah. Trotz ihrer Verpflichtungen im Commonwealth baute sie ihre Stärke ganz erheblich ab. Die Royal Air Force war übrigens die erste Luftwaffe der Welt, die eine selbst ständige Teilstreitmacht wurde und

nicht mehr dem Heer oder Marine gegenüber verantwortlich war.

Im November 1918 verfügte die RAF über rund 23.000 Flugzeuge, mit denen 188 Frontstaffeln ausgerüstet waren und die sich auf 675 Flugplätze im gesamten Commonwealth verteilten. An Personal standen ihr 290.000 Offiziere und Soldaten zur Verfügung.

Innerhalb kürzester Zeit stellte man mehr als 80 Prozent der Staffeln außer Dienst. Der RAF verblieben nur noch 33 Verbände, von denen 21 im Ausland stationiert waren. Trotz der Erfahrungen, die im Ersten Weltkrieg gemacht wurde, ließ man zwischen April 1920 und September 1922 nur eine mit Sopwith Snipe ausgerüstete Jagdstaffel im Dienst. Alle anderen waren aufgelöst. Innerhalb dieses Zeitraums wurde die Staffel für sieben Monaten ins Ausland verlegt, so daß die britische Insel über keine Luftverteidigung verfügte.

Aber nicht nur die Stärke der RAF wurde reduziert, auch die Qualität der eingesetzten Flugzeuge ließ erheblich zu wünschen übrig, da kaum neue und moderne Flugzeuge beschafft wurden, sondern teilweise die Maschinen aus den Kriegsjahren weiterhin im Dienst blieben.

Erst 1925 erhielt die RAF ein neues leistungsfähiges Jagdflugzeug, die Gloster Gamecock, die mit einem 425 PS leistenden Bristol Jupiter Sternmotor ausgerüstet war.

Während des Ersten Weltkrieges wuchsen die französischen Luftstreitkräfte zur stärksten und am besten ausgerüsteten Luftwaffe heran. Auch hier wurde drastisch reduziert. Ein nicht geringer Teil der Verbände wurde in die überseeischen Verwaltungsgebiete verlegt, um dort den Frieden zu sichern.

Die Jagdstaffeln setzten die Ende 1918 erschienene Nieuport-Delage 29 bis 1928 ein. Als zweites Jagdflugzeug kam in Frankreich die Wibault 72 ab 1926 zum Einsatz. Die letzten Versionen dieses Typs flogen bei der französischen Marine bis 1934.

Während des Ersten Weltkrieges waren auch die amerikanischen Staffeln ein Teil des Heeres und unterstanden dem Signal Corps. Im April 1918 wurden sie zu einem separaten Truppenteil, dem US Army Air Corps. Erst nach dem Zweiten Weltkrieg wurde die US Army Air Force zu einer eigenständigen Truppe, der USAF. Die von den USA im Ersten Weltkrieg eingesetzten Flugzeuge kamen zum großen Teil von der französischen und britischen Luftfahrtindustrie, da in Amerika keine entsprechenden Flugzeuge gebaut wurden. Gegen Ende des Krieges war wohl der Nachbau mehrerer europäischer Flugzeugtypen geplant, kam aber nach Abschluß

Der bekannte Stuka, die Junkers Ju 87, hier als „Panzerknacker" mit zwei 3,7 cm Kanonen unter den Tragflächen.

des Waffenstillstands nicht mehr zur Ausführung. 1919 wurde die Stärke des US Army Air Corps auf 5000 Flugzeuge und 24.000 Offiziere und Soldaten festgelegt. Aber bereits ein Jahr später wurden die Mittel drastisch gekürzt, so daß das amerikanische Fliegerkorps diesen Umfang nicht erreichte.

Geheime deutsche Fliegerschule

Trotz aller Beschränkungen liefen bei der Reichswehr unter Führung von General Hans von Seeckt Vorbereitungen für den geheimen Aufbau von Luftstreitkräften. Im deutsch-russischen Abkommen von Rapallo vom April 1922 wurde politische, wirtschaft-

liche und auch militärische Zusammenarbeit beschlossen. Gleichzeitig konnte erreicht werden, daß die Rote Armee ihren Flugplatz Lipezk der Reichswehr zur Verfügung stellte. An den langwierigen Verhandlungen war auch Oberst a.D. von der Lieth-Thomsen maßgebend beteiligt. In kurzer Zeit entstand dort die geheime deutsche „Fliegerschule Stahr", benannt nach ihrem ersten Kommandeur, Major a.D. Stahr. Es standen 50 einsitzige Jagddoppeldecker Fokker D.XIII zur Verfügung, die im Mai 1925 auf dem Seeweg nach Rußland gebracht worden waren. Im Sommer 1925 begann die Ausbildung der Flugzeugführer und -beobachter. Zur Ausbildung gehörten auch Luftkampfübungen und Tiefangriffe. In Lipezk wurden auch die neue deutsche Flugzeugmuster erprobt, die aufgrund von Ausschreibungen des Heeres-

Die Republic P-47 Thunderbolt war eines der am stärksten bewaffneten einmotorigen Flugzeuge des Zweiten Weltkriegs.

Auch heute fliegen noch eine große Anzahl von North American P-51 Mustang bei privaten Haltern.

waffenamts entstanden. Das waren unter anderem der Aufklärungsdoppeldecker Heinkel He 45 und der Jagddoppeldecker He 51, die von Junkers in Schweden entwickelte Ju K.47 und der zweimotorige Bomber Dornier Do 11. Alle Erprobungsergebnisse flossen in die Entwicklung neuer Flugzeuge in Deutschland mit ein. Im September 1933 wurde die Ausbildung in Lipezk beendet und das Flugzentrum aufgelöst. Die Einrichtungen des Flugplatzes überließ man den Russen, einschließlich mehrerer Schulflugzeuge. In Lipezk wurden 450 Mann fliegendes Personal und ein entsprechender Stamm von Technikern ausgebildet, die als Kern für die neue deutsche Luftwaffe galten.

Im Luftabkommen von Paris aus dem Jahre 1926 wurden die meisten Einschränkungen des Versailler Vertrags für Deutschland aufgehoben, wenn auch noch keine Militärflugzeuge gebaut werden durften. Dies war die Grundlage für eine leistungsfähige Luft-

fahrtindustrie in Deutschland. Es wurden die verschiedensten Flugzeugtypen entwickelt, deren Verwendungzweck offiziell als schnelle Postflugzeuge, Verkehrsflugzeuge oder aber auch als sportliche Einsitzer angegeben wurde. In Wirklichkeit handelte es sich um Flugzeuge, die für den Einsatz bei der noch aufzustellenden Luftwaffe vorgesehen waren.

Die zukünftigen Jagdflieger, Kampfflieger und Transportflieger wurden außer in Lipezk noch bei der Deutschen Lufthansa und beim Deutschen Luftsportverband e.V. (DLV) ausgebildet. Schon im Mai 1930 hatte Oberstleutnant Hellmuth Felmy, der Chef der Heeresleitung, die Planungen der Luftrüstung bis 1937 veranlaßt. Ebenfalls 1930 wurden drei sogenannte "Reklamestaffeln" aufgestellt, die bei Manövern der Reichswehr die fliegende Komponente darstellten. Im April 1933 entstand das Reichsluftfahrtministerium (RLM), dem später die komplet-

Von der US Navy wurde die Change Vought F4U Corsair auf dem Kriegsschauplatz im Pazifik und später auch noch in Korea eingesetzt.

te Fliegerabteilung der Reichswehr unterstellt wurde. Das war der erst Schritt zur Bildung der Luftwaffe als selbständiger Wehrmachtsteil. Reichsminister der Luftfahrt wurde Hermann Göring.

Die italienischen Luftstreitkräfte verfügten am Ende des Ersten Weltkriegs im November 1918 über rund 1800 Flugzeuge. Diese Anzahl wurde jedoch zunächst auch reduziert. Nach der Machtübernahme durch Mussolini wurde sie 1923 eine selbständige Teilstreitkraft, der Regia Aeronautica. Innerhalb kürzester Zeit entwickelte sie sich zu einer der größten Luftwaffen in Europa. Allerdings bestand die Ausrüstung Mitte der dreißiger Jahre zumindest bei der Jagdwaffe nicht aus modernstem Material. Hier standen immer noch Doppeldecker der Typen Fiat CR.32 und CR.42 im Einsatz.

Wenn es auch bei der Entwicklung der Flugzeuge nicht viel Neues zu vermelden gab, gab es doch einige Konstrukteure, die Mitte der zwanziger Jahre neue Wege suchten. So verwendete Fokker als einer der Ersten anstelle einer Holzkonstruktion für den Aufbau der tragenden Elemente Stahlrohr. Nur für die Beplankung wurde noch Stoff und Sperrholz eingesetzt.

In dieser Zeit wurden auch die ersten Metallpropeller gebaut, deren Blätter verstellbar waren, so dass durch die gleichbleibende Drehzahl der beste Wirkungsgrad der Motoren erzielt werden konnte.

Auch bei der Auslegung der Flugzeuge änderte sich nicht viel. Noch immer wurden in erster Linie Doppeldecker gebaut. Diese befanden sich wohl auf dem höchsten Stand der damaligen Technik, ihre Leistungen waren jedoch begrenzt. Zu den bekanntesten Doppeldeckern in den zwanziger Jahren gehörten die Arado Ar 68, Fiat CR.32, Hawker Fury und Heinkel He 51.

Die RAF setzte auch die North American B-25 Mitchell ein.

Die Bewaffnung dieser Flugzeuge bestand üblicherweise aus zwei durch den Propellerkreis schießenden Maschinengewehren. Erst Mitte der dreißiger Jahre sollte sich dies ändern. In England wurde die Hawker Hurricane und die Supermarine Spitfire entwickelt, in Deutschland die Messerschmitt Bf 109 und in den USA die Curtiss P-36 Hawk. Bei allen vier Typen handelte es sich um Eindecker mit einer für die damalige Zeit relativ starken Bewaffnung aus bis zu acht Maschinengewehren in den Tragflächen bei der Hurricane oder einer Motorkanone, die durch die Kurbelwelle schoß, bei der Bf 109. Ab 1935 wurde der Aufrüstung der Luftstreitkräfte in den einzelnen Ländern wieder mehr Beachtung geschenkt. Dazu trug auch die Machtergreifung der Nationalsozialisten 1933 in Deutschland bei. Eine der ersten Maßnahmen des neugeschaffenen RLM war die Aufstellung fliegender Verbände. Aus den „Reklamestaffeln" der Reichswehr wurde am 1. April 1934 in Döberitz das Jagdgeschwader 132 unter Major Ritter von Greim aufgestellt. Die Zweigstelle der Deutschen Verkehrsfliegerschule in Schleißheim wurde zur ersten Jagdfliegerschule. Außerdem wurde in Lechfeld die erste Kampffliegerschule aufgestellt. Die neue deutsche Luftwaffe wurde nun rasch, wenn auch noch im Geheimen, aufgebaut und überraschte zwei Jahre später, am 1. März 1935, die Welt, als ihre Existenz offiziell bekanntgegeben wurde. Mit der Einführung der allgemeinen Wehrpflicht fiel auch die letzte Tarnung. Der Aufbau der Luftwaffe und ihrer Verbände nahm einen enormen Aufschwung. Nach und nach wurden ihr moderne Jagd, Kampf- und Aufklärungsflugzeuge zugewiesen. Die anderen europäischen Länder begannen nun, auch ihre Luftwaffen durch die Beschaffung neuer und moderner Flugzeuge zu verstärken. Für die deutsche Luftfahrtindustrie stellte das Technische Amt ungeheure finanzielle Mittel zur Verfügung, so daß neue Flugzeugtypen entwickelte werden konnten, die die internationale Fachwelt aufhorchen ließen. Dazu gehörte auch das Jagdflugzeug Bf 109, das Willy Messerschmitt gemäß einer RLM-Ausschreibung entwickelte und das im Laufe der Jahre zum Standardjäger der Luftwaffe wurde. Bis 1945 wurden von diesem Flugzeug mehr als 30.000 Maschinen gefertigt. Auch der Bomber Dornier Do 17 gehörte zu diesen Flugzeugen. Bei ihrem Erscheinen war sie schneller als die Jagdflugzeuge, die zu dieser Zeit im Dienst standen. Oberst Wever forderte einen viermotorigen Fernbomber. So entstand bei Dornier 1936 die Do 19 und bei Junkers 1937 die Ju 89. Beide Muster kamen jedoch wegen zu schlechter Flugleistungen nicht über ihr Versuchsstadium hinaus. Es fehlte an leistungsstarken Motoren. Am 3. Juni 1935 kam General Wever bei einem

Absturz ums Leben. Danach schlief die Idee des strategischen Bombers der Luftwaffe ein. In den dreißiger Jahren wurden auch Transportfliegerverbände aufgestellt. Sie sollten in erster Linie Fallschirmjäger oder Luftlandetruppen in der Nähe ihrer Einsatzorte absetzen. Als Flugzeugmuster kam für diese Aufgabe fast ausschließlich die Ju 52/3m zum Einsatz.

Bürgerkrieg in Spanien

Im Spanischen Bürgerkrieg, der 1936 begann und bis zum 29. März 1939 andauerte, wurden die Luftstreitkräfte wieder in größerem Umfang gefordert. Wenn auch die republikanischen und die nationalistischen Streitkräfte über keinen großen Bestand an Flugzeugen verfügten, wurden beide Parteien bald von Teilen ausländischer Mächte wie Frankreich, Deutschland, Italien, der Sowjetunion und der Tschechoslowakei unter-

Eine Boeing B-17 Fortress rollt zum Start.

Hauptträger des Bombenkriegs gegen Deutschland war die Boeing B-17 Fortress.

stützt. Auch andere Länder stellten Material und Kriegsfreiwillige zur Verfügung. Für einige Länder bot sich bei dieser Auseinandersetzung die Gelegenheit, ihre neuen Waffen im "heißen Einsatz" unter realen Bedingungen zu erproben. Die bekanntesten dabei eingesetzten Flugzeuge waren aus Deutschland die Jagdflugzeuge Heinkel He 51, Heinkel He 112 und die Messerschmitt Bf 109. Bei den Bombern war dies die Dornier Do 17, Heinkel He 111 und Junkers Ju 87 sowie der Behelfsbomber und Transporter Junkers Ju 52/3m. Die Sowjetunion erprobte die Polikarpow I-15 und I-16 Rata unter Kriegsbedingungen und aus Italien kam die Fiat G.40. Die dabei gewonnen Erfahrungen flossen in die Weiterentwicklung der eingesetzten Flugzeuge und die Entwicklung neuer Flugzeugtypen ein.

Nach der Unterzeichnung des Münchner Abkommens im September 1938, das von einigen Politikern skeptisch betrachtet wurde, wurde die Aufrüstung teilweise nochmals verstärkt. Zu diesem Zeitpunkt war das Modernisierungsprogramm der Luftwaffe bereits weitgehend abgeschlossen. Bei der Royal Air Force wurden jetzt neue Jagdstaffeln aufgestellt. 1938 standen an modernen Jagdflugzeugen nur 45 Hawker Hurricane im Einsatz. Bei Kriegsbeginn im September 1939 verfügte die RAF über 500 Hurricane und Spitfire. Trotzdem standen beim Ausbruch des Zweiten Weltkriegs bei keiner europäischen Luftwaffe so viele Einsatzflugzeuge bereit wie in Deutschland. Seit das Vorhandensein der Luftwaffe bekannt war, steigerte sich auch die Produktion an Flugzeugen. Ende 1935 wurden in Deutschland pro Monat etwa 300 Flugzeuge gebaut. 1939 waren es bereits mehr als 1000 im Monat. Als am 1. September 1939 der Zweite Weltkrieg ausbrach, traf die deutsche

Flugzeuge der Vampire-Familie gehörten zu den ersten Strahlflugzeugen der RAF. Der abgebildete Trainer deHavilland D.H.115 Vampire flog bis in die achziger Jahre bei der Schweizer Flugwaffe.

Luftwaffe beim Einmarsch in Polen, Frankreich, Belgien und den Niederlanden auf keine allzugroße Gegenwehr und die Luftwaffen dieser Länder waren schnell ausgeschaltet. Die deutsche Luftwaffe verfügte über mehr als 3600 einsatzbereite Flugzeuge. Mit einem konzentrierten Großangriff auf die polnischen Luftstreitkräfte und deren Bodenanlagen wurden diese schnell ausgeschaltet. Schon einen Tag nach dem Einmarsch war die Luftherrschaft errungen und nach achtzehn Tagen waren die Kampfhandlungen in Polen zu Ende.

Der zweite Weltkrieg

Auch bei der Ausweitung auf die anderen Länder Europas wurde ein Großteil der Flugzeuge, noch bevor sie starten konnten, von den Stukas und Schlachtflugzeugen am Boden zerstört. Die Flugzeuge, die noch starten konnten, waren eine leichte Beute für die Bf 109 der deutschen Luftwaffe, was aber nicht heißen soll, daß die Einsätze ohne Verluste für die deutsche Seite durchgeführt werden konnten. Auch deutsche Kampf- und Jagdflieger wurden von gegnerischen Jagdflugzeugen und Flugabwehr abgeschossen. Im Frühjahr 1940 begann der Luftkrieg gegen England zur Vorbereitung für die geplante Invasion. Hier zeigte sich schon die erste Fehlplanung der deutschen Luftwaffenführung, da die Bf 109 nicht über genügend Reichweite verfügten und nur kurze Zeit im Zielgebiet verweilen konnten. Somit waren die Bomber praktisch ohne Begleitschutz. Auch die schwache Abwehrbewaffnung der Bomber reichte nicht gegen die gut bewaffneten Hurricane und Spitfire aus. Die daraufhin als Begleitschutz eingesetzten zweimotorigen Messerschmitt Bf 110 Zerstörer eigneten sich ebenfalls nicht für diese Aufgabe und benötigten bald selber Begleitschutz. Aber nicht nur die Reichweite der Jagdflugzeuge erwies sich als zu gering, auch die Bomber konnten nur bis zu einer bestimmten Tiefe nach England einfliegen.

Es fehlte ein schwerer strategischer Bomber, der weit im Hinterland liegende Ziele angreifen konnte.

Die Bombardierung Englands ging jedoch weiter. Im Winter 1940/1941 beteiligten sich auch italienische Flugzeuge an den Angriffen. Nach dem Verlust von rund 2000 Flugzeugen ging die Luftwaffe von Tag- zu Nachtangriffen über.

Trotz der Schwächung der Luftwaffe während der Luftschlacht um England erging am 22. Juni 1941 der Befehl zum Angriff auf Rußland. Die deutsche Luftwaffe mußte nun ihre Kräfte aufteilen und einen großen Teil der Geschwader an die Ostfront verlegen, so daß keine Reserven blieben.

Ab 1941 tauchte an der Front ein neues Flugzeug, die Focke Wulf Fw 190, auf. Sie wird allgemein als das beste Jagdflugzeug mit Kolbenmotor angesehen, das in Deutschland zum Einsatz kam. Neben der Jagdausführung kam die Fw 190 auch in großen Stückzahlen als Erdkampfflugzeug zum Einsatz.

Am 7. Dezember 1941 traten die USA in den Krieg ein. Auf Stützpunkten in England wurde die 8th Air Force der USAF aufgestellt, die mit ihren Bombern jeden Punkt in Deutschland erreichten. Von Nordafrika aus kam ab Herbst 1942 die 12th Air Force zum Einsatz, die Ziele in Italien, Österreich und im süddeutschen Raum angriff. Die Anzahl der angreifenden Bomber nahm bis dahin unbekannte Ausmaße an. Die amerikanischen Geschwader führten ihre Angriffe am Tage durch. Auch die englischen Verbände flogen zuerst Tagesangriffe, verlegten ihre Flüge dann aber in die Nacht, da tagsüber die Verluste zu hoch waren. Um den Bombenangriffen begegnen zu können, wurde eine

Die deutschen Marineflieger wurden nach der Neuaufstellung mit der Armstrong Whitworth Sea Hawk ausgerüstet, die als Jagdflugzeug und Aufklärer zum Einsatz kam.

große Zahl der deutschen Jagdgeschwader für die Heimatverteidigung von der Front abgezogen. Mitte 1943 verfügte die Luftwaffe aber immer noch über rund 4000 Flugzeuge bei den Einsatzverbänden. In diesem Jahr gelang es auch den Alliierten, bei den Jagdflugzeugen teilweise eine technische Überlegenheit zu erreichen. Dazu kam noch, daß der Nachschub am militärischen Gütern ohne Unterbrechung floß, wodurch auch die gleichzeitige zahlenmäßige Überlegenheit die Einsätze zu Lande und in der Luft das Pendel zu Gunsten der Alliierten ausschlagen ließ.

Die italienischen Streitkräfte kapitulierten am 8. September 1943. Ein Teil der italienischen Luftwaffe, die Aviazione della Republica Sociale Italiana, kämpfte weiterhin an der Seite Deutschlands, der andere Teil stellte sich auf die Seite der Alliierten.

Die Invasion der Alliierten begann am 6. Juni 1944 in der Normandie. Die Alliierten hatten vom ersten Tag an die Luftüberlegenheit über diesem Gebiet.

Ab 1944 wurden die ersten Raketen eingesetzt. Zuerst wurden die fliegenden Bomben, die V1, auf Ziele in Holland und England abgeschossen, später kam noch die V2 oder richtiger A4 hinzu. Die V1 konnte durch den Einsatz von Jagdflugzeugen bekämpft werden, gegen die V2 gab es aber keine Abwehr. Auch der Einsatz modernster Kampfflugzeuge mit Strahl- und Raketenantrieb wie die Arado Ar 234, Messerschmitt Me 262, Heinkel He 162 und Messerschmitt Me 163 änderte am Ausgang des Krieges nichts mehr.

Am 8. Mai 1945 wurde die Kapitulation der deutschen Wehrmacht unterzeichnet und der Zweite Weltkrieg war zu Ende. Die Luft-

Zur Erstausstattung der deutschen Luftwaffe gehörte die Republic F-84F Thunderstreak. Die DB-233 gehörte zum JaboG 32 aus Lechfeld.

Hier eine Republic F-84F Thunderstreak der holländischen Luftwaffe. Die F-84F kam bei vielen NATO-Staaten zum Einsatz.

waffe verlor im Zweiten Weltkrieg mehr als 140.000 Mann fliegendes und technisches Personal sowie rund 95.000 Flugzeuge.

Der Luftkrieg über Korea

1950, nur fünf Jahre nach Beendigung des Zweiten Weltkriegs, kam es wieder zu militärischen Auseinandersetzungen. Der Krisenherd lag diesmal in Korea. Über die ganze Zeit des Krieges waren noch mit Kolbenmotoren ausgerüstete Flugzeuge im Einsatz wie die North American P-51 Mustang bei der USAF, die Grumman F6F Hellcat bei der US Navy oder die Hawker Sea Fury bei der Royal Navy. Die Bombereinsätze wurden ebenfalls noch mit Boeing B-29A Superfortress und Douglas B-26 geflogen. Die Jagdflugzeuge wurden aber immer mehr von Strahlflugzeuge abgelöst. Zu den ersten Jets, die ab Juli 1950 in Korea auf Seiten der USAF zum Einsatz kamen, gehörten die Lockheed F-80 Shooting Star und die Republic F-

84 Thunderjet. Ab 1953 wurden sie noch von North American F-86 Sabre unterstützt, die sowohl die USAF wie auch die South African Air Force einsetzte. Von den Flugzeugträgern der US Navy starteten Grumman F9F Panther und McDonnell F2H Banshee. Auch die Royal Air Force brachte ihre Gloster Meteor nach Korea. Ebenbürtiger Gegner war auf der Seite Nord-Koreas die MiG-15, die meistens von sowjetischen und chinesischen Piloten geflogen wurde.

Erstmal wurden auch Hubschrauber im großen Umfang eingesetzt, die sich bei der Bergung abgeschossener Piloten ausgezeichnet bewährten.

In Korea zeigte es sich erneut, wie wichtig der Einsatz von Jagdflugzeugen ist, um die Luftherrschaft zu erringen und zu behalten. Als die alliierten Bodentruppen nur noch den Brückenkopf von Pusan halten konnten, flogen amerikanische Jagdflugzeuge täglich Tiefangriffe auf feindliche Truppen und Nachschubkonvois. Schon der Anblick der

Auch die North American F-100 Super Sabre wurde auf westlicher Seite bei vielen Luftwaffen einge-setzt. Heute fliegen noch einige Maschinen als Zielschlepper.

Flugzeuge gab auch den Bodentruppen die notwendige moralische Unterstützung, um auszuhalten und zum Gegenangriff überzugehen. Ein großes Plus der alliierten Piloten war ihre gute fliegerische Ausbildung, die die teilweise technische Überlegenheit der MiG-15 bei weitem ausglich. Im Verhältnis kamen auf jede abgeschossene F-86 zehn MiG-15.

Neubeginn

Als die deutsche Luftfahrtindustrie nach zehn Jahren wieder mit dem Bau von Flugzeugen begann, stand sie vor einer schwierigen Aufgabe. Die Werksanlagen waren demontiert und teilweise zerstört. Um mit den neuen Technologien vertraut zu werden, machte man den richtigen Schritt und begann zuerst damit, Flugzeuge in Lizenz zu fertigen. Eine gute Hilfe war dabei auch ein kleiner Stamm qualifizierter Ingenieure und

Facharbeiter, der während der Jahre 1945 bis 1955 im Werk mit anderen Aufgaben betraut wurde, so daß er jetzt wieder zur Verfügung stand. Zu den bei der Bundeswehr eingeführten Flugzeugen, die in Deutschland auch in Lizenz gebaut wurden, gehörten der Strahltrainer Fouga Magister, der Transporter Nord Noratlas, das Verbindungsflugzeug Piaggio P.149, der Jagdbomber und Aufklärer Fiat G.91 und natürlich auch die Lockheed F-104G Starfighter.

Einige Flugzeuge für den militärischen Bereich wurden auch neu entwickelt, so die Dornier Do 27, VFW VAK-191, EWR VJ-101 und die Dornier Do 31. Aber nur die Do 27 wurde in Serie gebaut. Die anderen Typen absolvierten wohl eine sehr zufriedenstellende Erprobung, wurden aber von den Anforderungen und Änderungen in den Planungen der NATO überholt, so daß kein Bedarf an dieser Technik mehr vorhanden war. Anders war es bei der Entwicklung der Transall C-160, dem Dassault/Dornier Alpha

In Deutschland nicht unumstritten, aber bei den Piloten beliebt, die Lockheed F-104G Starfighter, hier in der Trainerversion TF-104G.

Jet und dem Panavia Tornado, wo die deutschen Konstrukteure und Flugzeugbauer in Zusammenarbeit mit verschiedenen europäischen Partnern ihre wiedergewonnene Leistungsfähigkeit beweisen konnten. Den absoluten Spitzenstand in der Technik stellt heute das neue europäische Jagdflugzeug, der Eurofighter EF2000 Typhoon dar, der Anfang des 21. Jahrhunderts bei der Royal Air Force, der Aeronautica Militare Italiana, der Ejercito del Aire und der Bundesluftwaffe in Dienst gestellt werden wird.

Zehn Jahre nach dem Ende des Zweiten Weltkriegs wurde in den drei Westzonen am 5. Mai 1955 der Deutschlandvertrag abgeschlossen. Damit war auch der Weg frei für die Bundeswehr als deutscher Beitrag zur NATO. Im Sommer 1956 konnte die neue Luftwaffe in Fürstenfeldbruck ihre ersten Flugzeuge übernehmen. Dabei handelte es sich um die Schulflugzeuge Piper L-18C und CCF Harvard Mk.4. Erster Inspekteur der Luftwaffe wurde General Josef Kammhuber. Am 24. September 1956 wurde die Luftwaffe erstmals der Öffentlichkeit vorgestellt. Im Verlauf ihres Bestehens wurde die Luftwaffe mehrfach neu strukturiert. Nach schwierigen Aufbaujahren, in denen die neuen Waffensysteme in den Griff bekommen werden und der Anschluß an den Entwicklungsstand moderner Technologien gefunden werden mußte, steht die Luftwaffe heute als eine gut gerüstete Waffengattung da, die ihre Systeme beherrscht, wie die Einsätz im Kosovo gezeigt haben.

In den ersten Jahren gab es einige Rückschläge zu verkraften, besonders nach der Einführung des Lockheed F-104 Starfighter. Aber die Probleme konnten alle fast vollständig bewältigt werden. Ab 1983 wurde auch der Starfighter durch das europäische Mehrzweck-Kampfflugzeug Panavia Tornado abgelöst. Hier konnte man schon erkennen, daß die Luftwaffe gut darauf vorbereitet war, da die Umrüstung relativ problemlos durchgeführt werden konnte.

Auch im mittleren Osten fliegt die MB.339. Diese MB.339A wurde von Dubai erworben

Die italienische Luftwaffe vergab 1972 einen Forschungsauftrag für ein neues Schulflugzeug als Nachfolger für die Aermacchi MB-326 und Fiat G.91T/1. Aermacchi stellte daraufhin neun verschiedene Studien vor. Von dem mit MB-338 bezeichneten Entwurf waren es sieben Varianten, die sich in zahlreichen Details und den Triebwerken voneinander unterschieden.

INFO ▸ Die MB-339 ist als Fortgeschrittenentrainer und Erdkampfflugzeug lieferbar. Bislang haben neun Länder das Flugzeug bestellt. Es ist für Geschwindigkeiten bis Mach 0,8 ausgelegt und kann an sechs Unterflügelstationen eine Vielzahl von Außenlasten mit sich führen. In der Version MB-339PAN wird die Maschine auch vom italienischen Kunstflugteam Frecce Tricolori geflogen.

Von der MB-339 standen zwei Projekte zur Auswahl, die MB-339L mit einem Larzac Mantelstromtriebwerk und die MB-339V mit einem Rolls-Royce Viper 600 Strahltriebwerk. Die italienische Luftwaffe entschied sich im Februar 1975 für die Ausführung mit dem Viper 600 Strahltriebwerk und bestellte 100 Serienflugzeuge. Sie basiert auf der Zelle der MB-326K, erhielt aber ein verstärktes Rumpfmittelteil und verstärkte Tragflächen. Weiterhin wurde gegenüber der MB-326K der Vorderrumpf geändert. In dem neuen druckbelüfteten Cockpit wurde der hintere Sitz des Fluglehrer um 32,5 cm erhöht eingebaut. Für eine bessere Rundumsicht wurde die Cockpithaube verlängert. Die Piloten sitzen auf zwei Martin-Baker IT10F Zero/Zero-Schleudersitzen. Außerdem wurde das Seitenleitwerk vergrößert. Die sechs Aufhängepunkte unter den Tragflächen wurden beibehalten.

Für die Flugerprobung wurden zwei Prototypen gebaut, von denen die erste (I-NOVE/MM588) am 12. August 1976 in

Venegono zu ihrem Jungfernflug startete. Der zweite Prototyp (I-NINE/MM589) flog am 20. Mai 1977. Er entsprach dem Serienstandard und war mit einer verbesserten Klimaanlage, einem lenkbaren Bugrad und Scheibenbremsen mit Anti-Blockiersystem ausgerüstet. Außerdem wurde noch eine Bruchzelle für statische Versuche gebaut.

Die erste Serienmaschine (I-NEUF) für die italienische Luftwaffe flog am 20. Juli 1978 und nahm am 8. August 1979 die Truppenerprobung auf. Bis zum Jahre 1984 wurden zunächst 81 Flugzeuge ausgeliefert. Auf Grund finanzieller Probleme des italienischen Staats wurde bis Anfang 1986 die Lieferung eingestellt. Erst dann wurden die letzten 19 Flugzeuge übergeben. Die ersten acht MB-339 erhielt die Erprobungsstelle (Reparto Sperimentale di Volo/311° Gruppo)

in Pratica di Mare am 9. August 1979. Die ebenfalls in Pratica di Mare stationierte 8° Gruppo/14° Stormo erhielt ab dem 16. Februar 1981 acht für die Kalibrierung von Navigationshilfen MB-339RM. Diese Flugzeuge wurden Ende der 80er Jahre wieder abgegeben. Die für die Pilotenausbildung zuständige Einheit, die SVBIA (Scuola Volo Basico Iniziale Aviogetti) in Lecce übernahm die erste MB-339A am 12. März 1981. Die Ausbildung mit dem neuen Flugzeug wurde allerdings erst am 1. Oktober 1981 offiziell aufgenommen.

Einsatz im Falklandkrieg

Die Einheit wurde in der Zwischenzeit in 61° Stormo umbenannt und hat 72 MB-339A in

Neueste Version der MB.339, die MB.339CD, in den Farben der italienischen Luftwaffe.

Dies ist eine der beiden MB.339A, die in Ghana im Einsatz stehen.

ihrem Bestand. Als Ersatz für die Fiat G.91 erhielt im Januar 1982 die in Riovolto stationierte italienische Kunstflugstaffel, die Frecce Tricolori, 15 MB-339PAN. Nach der Umschulung der Piloten erfolgte die erste Vorführung mit dem neuen Flugzeug am 27. April 1982. Heute stehen der Staffel 18 Flugzeuge zur Verfügung.

Von der MB-339A konnten an die argentinische Marine zehn, nach Dubai sieben, Ghana zwei, Malaysia 13, Nigeria zwölf und Peru 16 Flugzeuge verkauft werden.

Zum Einsatz kam die MB-339AA 1982 während des Falklandkriegs. Die argentinische Marine hatte sechs Maschinen auf der Inselgruppe stationiert. Zwei Maschinen gingen verloren, drei wurden von den Briten erbeutet und eine konnte nach Argentinien zurückkehren.

Für die Zweitrolle der MB-339A-Schulflugzeuge wurde von der italienischen Luftwaffe 1986 der Auftrag vergeben, die Möglichkeit des Einsatzes der OTO Melara Marte 2 Anti-Schiffs-Lenkwaffe zu prüfen. Aermacchi rüstete daraufhin die Serien-Nummer MM54554 zur MB-339AM um. Die

Flugversuche begannen am 24. April 1991 und wurden Ende 1992 erfolgreich abgeschlossen.

Stärkeres Triebwerk

Eine weitere Version ist die MB-339C, deren Prototyp (I-AMDA) am 17. Dezember 1985 flog. Die erste Serienmaschine hob am 8. November 1988 ab. Als Antrieb kommt ein Rolls-Royce Viper Mk 680-43 zum Einbau, dessen Leistung um 14 Prozent gesteigert wurde. Die MB-339C ist für Kampfeinsätze ausgerüstet und verfügt über ein GEC AD-660 Dopplerradar, eine Litton LR80 Trägheitsplattform und die taktische Flächennavigationseinheit AD-620K. Im Cockpit wurde ein Kaiser Sabre Head-Up Display installiert. Zur weiteren Ausrüstung gehört ein P.0702 Laserzielsuchgerät von FIAR/Ericsson, eine für den Einsatz der AGM-65 Maverick verwendbare Kathodenstrahlröhre von Aeritalia, und der HG7505 Radarhöhenmesser von Honeywell. Für die Selbstverteidigung steht ein ALE-40 Düppel- und Leuchtkörperwerfer von Tracor, der ELT/555 Stör-geräte-Behälter und der Radarwarnempfänger ELT/156 von Elektronica zur Verfügung. Die MB-339C kann mit einer Vielzahl von Waffen an ihren sechs Flügelstationen bestückt werden. Dazu gehören der Luft-Boden-Lenkflugkörper Hughes AGM-65 Maverick der Anti-Schiffs-Flugkörper OTO Melara Marte 2 und AS 34 Kormoran sowie lasergelenkte Bomben.

Im Mai 1990 bestellte die Royal New Zealand Air Force von der MB-339C 18 Einheiten als Ersatz für die BAC Strikemaster. Am 9. März 1991 wurden die ersten drei Flugzeuge nach Neuseeland überführt.

Einsitzer-Versionen

Als einsitziges Erdkampfflugzeug entwickelte Aermacchi auf eigenes Risiko die MB-339K Veltro 2. Ihren Erstflug absolvierte der Prototyp mit der Zulassung I-BITE am 30. Mai 1980. Er verfügte über das schubstärkere Rolls-Royce Viper Mk 680 mit einer Leistung von 19,89 kN (2018 kp). Die Treibstoffkapazität wurde um 637 Liter auf 2730 Liter erhöht. Anstelle des zweiten Cockpits wurde der Platz für die Munitionsbehälter der beiden Bordkanonen, zusätzliche Bordelektronik und einem größeren Treibstofftank genutzt. An den sechs Flügelstationen kann die Veltro 2 eine Waffenlast von 2500 kg mitführen. Im Bug sind zwei 30 mm DEFA 553 Kanonen eingebaut.

Als Antwort auf die Anfrage nach einen neuen Strahltrainer für die USAF und die US Navy bot Aermacchi in Zusammenarbeit mit Lockheed 1989 die MB-339 T-Bird II an.

Hersteller:	Aermacchi, Italien
Verwendung:	Schulflugzeug und leichtes Erdkampfflugzeug
Besatzung:	2
Triebwerk:	Ein Strahltriebwerk Rolls-Royce Viper 680-43 mit 19,57 kN (1996 kp) Standschub

Abmessungen und Leistungen:

Länge:	11,24 m
Höhe:	3,99 m
Spannweite mit Flügelendtanks:	11,22 m
Flügelfläche:	19,30 m2
Spannweite des Höhenleitwerks:	4,08 m
Radstand:	4,37 m
Spurweite:	2,48 m
Rüstmasse:	3310 kg
Tankinhalt:	1388 kg
maximale Waffenlast:	2040 kg
normale Startmasse:	4635 kg
maximale Startmasse:	6350 kg
Höchstgeschwindigkeit in Meereshöhe:	902 km/h
Höchstgeschwindigkeit in 10.975 m Höhe:	834 km/h
Steiggeschwindigkeit:	37,1 m/sek
Steigzeit auf 9145 m:	6min 42sek
Dienstgipfelhöhe:	14.630 m
Einsatzradius mit vier Mk.82 Bomben und zwei 325 Liter Zusatztanks, low-low-low:	371 km
Einsatzradius mit vier Mk.82 Bomben, high-low-high:	500 km
normale Reichweite:	1965 km
Überführungsreichweite:	2200 km
Startrollstreckemit normaler Startmasse:	465 m
mit maximaler Startmasse:	914 m
Landerollstrecke:	415 m
g-Belastung:	+8/-4
Bewaffnung: An sechs Unterflügelstationen können verschiedene Waffen mitgeführt werden, wobei die vier inneren mit jeweils 454 kg und die beiden äußeren mit je 340 kg belastet werden können.	
Erstflug:	17. Dezember 1985

Drei Maschinen aus dem Hause Aero im Verbandsflug. Vorne die L-59, in der Mitte die L-39 und hinten die L-29 Delfin.

Die in der Tschechoslowakei entwickelte Aero L-39 Albatros war das Standardschulflugzeug in den ehemaligen Warschauer-Pakt-Staaten. Durch ihre Zuver-lässigkeit wurde sie zu einem gern geflogenen Trainer und leichten Angriffsflugzeug, das in verschiedenen Versionen gebaut wurde und auch heute noch eingesetzt wird. In der Zwischenzeit wurde die Maschine unter den Bezeichnungen L-59, L-139 und L-159 weiterentwickelt und ausgeliefert.

Für die Entwicklung der L-39 war Jan Vlcek und sein Team verantwortlich. Die Maschine verfügt über zwei Zero-Zero Schleudersitze in Tandem-Anordnung. Die Schleudersitze gewährleisten einen sicheren Rettungsaus-schuß in Höhe Null bei einer Mindestge-schwindigkeit von 150 km/h. Der Aufbau der Flugzeugzelle ist in Modulbauweise ausge-führt und besteht aus drei Gruppen, dem Rumpf, den Tragflächen und dem Leitwerk. Das Heckteil ist abnehmbar und gestattet

INFO ▸ Zur Zeit des Warschauer Pakts war die Aero L-39 ein sehr erfolgreiches Flugzeug, das außer in Polen in allen Staaten der Gemeinschaft eingesetzt wurde. Heute soll der Anschluß mit den Weiterentwicklungen L-59 und L-159 gehalten werden. Die L-159 wurde mit westlicher Avionik ausgerüstet. Tschechien hat 72 Flugzeuge dieser Version bestellt.

dadurch einen leichten Zugang zum Triebwerk. Dadurch wird die Wartung und Instandsetzung wesentlich erleichtert.

Der Entwurf wurde Mitte der 60er Jahre fertiggestellt und anschließend drei Prototypen gebaut. Der erste und dritte diente für statische Versuche, während der zweite Prototyp für die Flugerprobung eingesetzt wurde. Er flog zum erstenmal am 4. November 1968 mit Rudolf Duchon am Steuer.

Großserien-Fertigung

Als Antrieb diente ein Iwtschenko AI-25 Turbofan-Triebwerk aus der Sowjetunion. Die Entwicklung verzögerte sich bis Ende 1970, da bei der Luftversorgung des Triebwerks Probleme auftraten. Nach einer 1971 gebauten Vorserie von zehn Flugzeugen begann die Serienfertigung Ende 1972. Die Truppenerprobung erfolgte 1973 gleichzeitig in der Tschechoslowakei und in der Sowjetunion. Ab 1974 wurden die ersten Flugzeuge an die Einsatzverbände übergeben.

Insgesamt verließen über 2900 L-39, L-59 und L-139 die Fertigung, die an 18 Luftwaffen geliefert wurden.

Folgende Versionen wurden gebaut: Das zweisitzige Standardschulflugzeug L-39C für die Anfänger- und Fortgeschrittenenausbildung mit zwei Außenlastträgern für 500 kg Übungswaffen.

Das Zielschleppflugzeug L-39V erschien 1972. Hauptmerkmal ist die Ausrüstung mit einer Schleppwinde, womit KT-04 Schleppziele an einem 1700 m langen Seil für Schießübungen der Artillerie geschleppt werden.

Als Waffentrainer, aber auch für leichte Angriffsaufgaben kommt die L-39ZO zum Einsatz. Der Prototyp absolvierte am 25. August 1973 seinen Erstflug. Die Zusatzbuchstaben ZO stehen für zbrojni (bewaffnet). Die Tragflügel dieser Version wurden verstärkt, so daß insgesamt vier Waffenstationen eingerichtet werden konnten. Die äußeren Stationen sind zur Beladung mit Luft-Luft-Raketen verkabelt, die inneren für die Aufnahme von 350 Liter Abwurftanks ausgerüstet. Insgesamt kann eine Außenlast

Die modernste Ausführung, die L-159, in den Farben als Demonstrationsflugzeug.

Eine L-59 beim Abnahmeflug vor der Auslieferung an die tunesische Luftwaffe.

von bis zu 1100 kg mitgeführt werden. Der hintere Sitz wurde entfernt, wodurch Platz für zusätzliche Elektronik oder einen weiteren Tank geschaffen wurde.

Das leichte Angriffs- und Aufklärungsflugzeug L-39ZA ist am Kanonenbehälter mit der 23 mm GSh-23L Zwillingskanone mit 150 Schuß unter dem vorderen Cockpit zu erkennen. Zwei L-39ZA Prototypen flogen 1975/76. Die L-39ZA verfügt über vier Unterflügelstationen, verstärkte Tragflächen und ein verstärktes Fahrwerk. Die Maschine wird einsitzig geflogen. Der Aufklärungsbehälter mit fünf Kameras für die Aufklärung bei Tage wird am inneren Backbordpylon befestigt.

Die L-39ZE wurde für Thailand gebaut. Sie verfügt über eine Avionikausrüstung von Elbit.

Letzte Version war die L-39MS mit einer erhöhten Schubleistung von 2400 kp, verbessertem Flugwerk und neuer Avionikausrüstung. Der Erstflug erfolgte am 30. September 1986. Insgesamt wurden drei Prototypen gebaut. Die Bezeichnung wurde später in L-59 geändert. Die erste L-59 aus der Produktion flog am 1. Oktober 1989. Erster Kunde wurde Ägypten, das 48 L-59E erhielt. Die Maschinen wurden mit amerikanischer Avionik ausgerüstet. Die Auslieferung begann am 29. Januar 1993. Die L-139 erhielt ein amerikanisches Garrett TFE731-4 Triebwerk.

L-159 mit Westtechnik

1994 begann die Entwicklung der L-159. Hierbei handelt es sich um ein leichtes Erdkampfflugzeug, das sowohl als Einsitzer (L-159A) und als Doppelsitzer (L-159B) ausgeliefert wird. Der erste Prototyp der L-159B nahm die Flugerprobung am 2. August 1997 auf. Die L-159A folgte am 18. August 1998.

Bei der L-159 handelt es sich größtenteils um eine Neuentwicklung. Als Antrieb wurde das AlliedSignal/ITEC F124-GA-100 Mantelstromtriebwerk mit einer Leistung von 28 kN ausgewählt, wodurch die Flugleistung deutlich gesteigert werden konnte. Der Frontbereich des verlängerten Rumpfes wurde komplett überarbeitet, so daß ein modernes Avionik-System von Rockwell-Collins mit einem Mehrzweck-Dopplerradar FIAR Grifo-L eingebaut werden kann. Von Honeywell kommt das Navigationssystem, in dem die Trägheitsplattform und der GPS-Empfänger integriert sind. Das Cockpit ist an den wichtigsten Stellen gepanzert und verfügt über ein Head-Up Display, Flüssigkristallanzeigen von AlliedSignal und ein FV-3000-Blickfelddarstellungsgerät von Flight Visions. GEC-Marconi liefert den Radarwarnempfänger und Vinten die Düppelwerfer. Der Einbau vorhandener westlicher Systeme soll die spätere Integration in die NATO erleichtern. Die Höchstgeschwindigkeit liegt in Meereshöhe bei 930 km/h. Die Reichweite beträgt mit internem Kraftstoff 1570 km und mit Zusatztanks 2530 km.

Hohe Zuladung

Die Rüstmasse beträgt 4160 kg, die maximale Abflugmasse 8000 kg. Die Außenlasten können an sechs Stationen unter den Flügeln und einer Station unter dem Rumpf mitgeführt werden. Die externe Zuladung beträgt maximal 2340 kg.

Die tschechische Luftwaffe hat zur Modernisierung der Luftstreitkräfte 72 Flugzeuge bestellt, die ab 1999 ausgeliefert werden sollen. Die L-159 wird in den nächsten Jahren das Rückgrat der Luftstreitkräfte in Tschechien sein. Aufgaben wie Luftnahunterstützung, taktische Aufklärung, Grenzkontrolle oder Luftverteidigung von wichtigen Objekten werden dann mit der L-159 durchgeführt.

Hersteller:	Aero Vodochody Tschechien
Verwendung:	Grund- und Fortgeschrittenen-Schulflugzeug
Besatzung:	2
Triebwerk:	Ein Turbofan-Triebwerk Iwtschenko AI-25TL ohne Nachbrenner mit 16,9 kN (1720 kp) Standschub

Abmessungen und Leistungen:

Länge:	12,13 m
Höhe:	4,77 m
Spannweite:	9,46 m
Flügelfläche:	18,80 m^2
Spannweite des Höhenleitwerks:	4,40 m
Radstand:	4,39 m
Spurweite:	2,44 m
Rüstmasse:	3459 kg
maximale Startmasse:	4700 kg
maximale Außenlast:	500 kg
Tankinhalt:	980 kg
Höchstgeschwindigkeit in Meereshöhe:	700 km/h
Höchstgeschwindigkeit in 5000 m Höhe:	750 km/h
Steiggeschwindigkeit:	22 m/sek
Dienstgipfelhöhe:	11.500 m
maximale Reichweite in 5000 m Höhe:	1000 km
maximale Reichweite mit zwei Abwurftanks:	1600 km
Überführungsreichweite:	1750 km
Startstrecke:	480 m
g-Belastung:	+8/-4
Bewaffnung:	500 kg Übungswaffen an zwei Unterflügelstationen
Erstflug:	4. November 1968

Dies ist eines der Erprobungsflugzeuge aus brasilianischer Fertigung.

Auf Grund einer Ausschreibung der Aeronautica Militare Italiana aus dem Jahr 1977 für ein Nachfolgemuster für die Fiat G.91R, G.91Y und die F-104G in den Bereichen Luftnahunterstützung und Aufklärung sowie Gefechtsfeldabriegelung begannen Aeritalia und Aermacchi gemeinsam im April 1978 mit der Entwicklung des AMX. Da die Luftwaffe Brasiliens ein ähnliches Flugzeug benötigte, beteiligte sich Embraer ab September 1980 an dem Programm. Im Juli 1981 wurde der Bau von 266 Flugzeugen (der Auftrag wurde 1989 auf 317 Flugzeuge erhöht) beschlossen, 187 AMX und 51 AMX-T für Italien und 79 einschließlich 14 Trainer AMX-T für Brasilien. Aeritalia (heute Alenia) übernahm die Projektleitung und verfügte über 46,7 Prozent des Auftrages. Bei Aeritalia wurden der Bug und der Mittelrumpf gefertigt, sowie Seitenflosse und -ruder, Höhenflosse und -ruder, Querruder und Störklappen. Aermacchi hatte einen Anteil von 23,6 Prozent und war für die Fertigung des Vorderrumpfes, der Druckkabine und des Heckkonus verantwortlich. Außerdem gehörten zum Lieferumfang von Aermacchi noch die Bordkanone und die Avionik. Embraer mit 29,7 Prozent stellte die Lufteinläufe, die Tragflächen mit Vorflügelklappen und Außenlastträger sowie Abwurftanks und die Aufklärungsausrüstung her. Endmontagestraßen wurden sowohl in Italien wie in Brasilien aufgebaut, die Einzelteilfertigung wird jedoch jeweils nur in einem Werk durchgeführt.

INFO ▶ Die AMX ist eine Gemeinschaftsentwicklung von Italien und Brasilien. Bei der AMX handelt es sich um ein leichtes Erdkampfflugzeug und Aufklärer, das sowohl als Einsitzer wie auch als Doppelsitzer gebaut wird. In Italien steht die AMX seit Ende der 80er Jahre im Einsatz, in Brasilien seit 1989. Als neuer Kunde konnte jetzt Venezuela gewonnen werden.

Auf Grund des vorgesehenen Einsatzbereiches als Jagdbomber für taktische Angriffe und Aufklärung wurden Geschwindigkeiten im Überschallbereich gar nicht erst in Erwägung gezogen. Als oberste Geschwindigkeitsgrenze wurde Mach 0,9 festgelegt. Dabei können alle normalen Flugmanöver bis zu einem Anstellwinkel von 45 Grad durchführen werden. Eine weitere Forderung war der Einsatz von beschädigten Flugplätzen.

Kohlefaserteile

Die AMX ist konventionell aufgebaut. Als Werkstoff kommt hauptsächlich eine Aluminiumlegierung zur Anwendung. Das Leitwerk wurde als Wabenkernkonstruktion ausgelegt und die Seitenflosse und Seitenruder sowie Teile des Höhenleitwerks werden in Kohlefaserbauweise hergestellt. Die als Schulterdecker ausgelegte Tragfläche weist eine Dicke von 12 Prozent und eine Pfeilung von 27 Grad auf. Über die gesamte Länge wurden Vorflügel eingebaut und Doppelspaltklappen über den größten Bereich der Hinterkante. Auf der Oberseite der Tragflächen befinden sich jeweils zwei Störklappen, die auch als Bremsklappen eingesetzt werden können.

Das Cockpit ist druckbelüftet und mit Martin-Baker Mk.10L Zero-Zero Schleudersitzen ausgerüstet. Die vogelschlagsichere Frontscheibe ist aus einem Stück gefertigt. An sie schließt die einteilige Cockpithaube an, die nach rechts geöffnet wird.

Die Rumpftanks und die Integraltanks in den Tragflächen fassen insgesamt 3440 Liter Treistoff. Unter den Fläche befinden sich vier Außenlaststationen, an denen innen zwei Abwurftanks mit einem Fassungsvermögen von 1100 Liter und außen mit 580 Liter angehängt werden können. Die von der AMI übernommen Flugzeuge verfügen rechts vor dem Cockpit noch über eine starre Luftbetankungssonde.

Das Rolls-Royce Spey 807 Triebwerk wird in Lizenz von einer Unternehmensgruppe hergestellt, zu der in Italien Fiat, Piaggio und Alfa Romeo Avia und in Brasilien CELMA gehören.

Einer der wenigen Trainer, die AMX-T, die gebaut wurden. Das Flugzeug gehört zur 320 Stormo der italienischen Luftwaffe.

Die Prototypen des Trainers und Einsitzers im Formationsflug über Italien.

In der Ausrüstung unterscheiden sich die bei der Aeronautica Militare Italiana (AMI) und der Forca Aérea Brasileira (FAB) hergestellten Flugzeuge. Das Entfernungsmeßradar der italienischen Flugzeuge ist ein Lizenzbau des israelischen Elta-Radars und wird von FIAR gefertigt. Das brasilianische Radar baut Technasa/SMA. Bei der AMI kommt auf der linken Seite eine sechsläufige 20 mm M61A-1 Revolverkanone mit 350 Schuß zum Einbau. Die FAB entschloß sich, auf jeder Seite je eine 30 mm DEFA 553 Bordkanone einzubauen. An den Flügelspitzen befinden sich Abschußschienen für Luft-Luft-Lenkwaffen. Hier werden in Italien AIM-9L Sidewinder eingesetzt und in Brasilien MAA-1 Piranha.

Nach dem Abschluß der Entwicklungsarbeiten begann die Fertigung von sieben Prototypen. Drei baute Alenia, zwei Aermacchi und zwei sowie eine zusätzliche Bruchzelle für statische Belastungsversuche Embraer. Der erste Prototyp, die AMX-A01 (MMX594) startete am 15. Mai 1984 in Turin-Caselle zu ihrem Erstflug. Am 1. Jun 1984 ging diese Maschine auf ihrem fünften Flug auf Grund von Problemen mit dem Triebwerk durch Absturz verloren. Der erste in Brasilien gefertigte Prototyp, die AMX-A04 (YA-1-4200), flog am 16. Oktober 1985 in São dos Campos. Wiederum in Turin absolvierte das erste Flugzeug aus der Serie seinen Erstflug am 11. Mai 1988, in Brasilien flog das erste Serienflugzeug am 12. August 1989. Im April 1991 begannen noch Versuche mit der AMX-A11, die mit einem leistungsgesteigerten Spey 807A Triebwerk mit 60,05 kN Standschub ausgerüstet wurde.

Aufklärer-Version

Als erster Einsatzverband erhielt die 1030 Gruppo der 510 Stormo (CB) in Istrana die AMX. Hier kommt sie als Jagdbomber zum Einsatz. Als nächstes rüstete die 1320 Gruppo (CR) der 300 Stormo in Villafranca um, wo die AMX in der Aufklärerrolle eingesetzt wird. Dritter Verband war die 140 Gruppo der 200 Stormo, die ebenfalls in Istrana stationiert ist.

In Brasilien übernahm die 10/160 GAvCa in Santa Cruz am 17. Oktober 1989 ihre ersten AMX A-1-Jagdbomber.

Weiterentwicklung

Von der zweisitzigen Trainerversion AMX-T, die auch für Kampfeinsätze ausgelegt ist, wurden drei Prototypen gebaut. Der erste (MM55024) hob am 14. März 1990 in Turin zu seinem Erstflug ab. Die erste in Brasilien gebaute AMX-T (TA-1/5650) flog am 14. August 1991.

Weitere Versionen befinden sich in der Entwicklung. Dazu gehört die AMX-AS, ein Marinekampfflugzeug, das auch zwei Antischiffslenkwaffen AM39 Exocet mitführen kann. Der hintere Sitz für den Waffensystemoffizier verfügt über ein Mehrzweck-Dopplerradar FIAR Grifo und einen Videomonitor von Ferranti zur Blickfelddarstellung.

Eine weitere Variante ist die AMX-E, ein ECM Kampfflugzeug für die elektronische Kriegsführung zur Störung des feindlichen Luftabwehrradars und anschließender Bekämpfung. Weitere Aufgabenbereiche sind die elektronische Aufklärung (ELINT) und die Fernmeldeaufklärung (COMINT). Das Flugzeug verfügt über die entsprechende ECM-Elektronik, ein Multifunktionsradar und ein Infrarot-Nachtsichtgerät (FLIR). Als Bewaffnung kann die AMX-E bis zu vier Anti-Radar-Lenkwaffen mit führen.

Hersteller:	Alenia; Italien
	Aermacchi; Italien
	EMBRAER; Brasilien
Verwendung:	Erdkampfflugzeug
Besatzung:	1
Triebwerk:	Ein Mantelstromtriebwerk Rolls-Royce Spey Mk 807 mit 49,1 kN (5000 kp) Standschub

Abmessungen und Leistungen:	
Länge:	13,58 m
Höhe:	4,58 m
Spannweite:	8,87 m
Flügelfläche:	21,0 m2
Rüstmasse:	6640 kg
Startmasse ohne Außenlasten:	9600 kg
normale Startmasse:	13.000 kg
maximale Startmasse:	10.750 kg
Höchstgeschwindigkeit in	
Seehöhe ohne Außenlasten:	1047 km/h
Höchstgeschwindigkeit in	
10.975 m Höhe:	913 km/h
Steiggeschwindigkeit:	52 m/sek
Einsatzradius mit 2721 kg	
Waffenzuladung im Tiefflug:	528 km
Einsatzradius mit 907 kg	
Waffenzuladung:	820 km
Überführungsreichweite mit	
Zusatztanks:	3336 km
Bewaffnung:	Eine 20-mm Revolverkanone M61A1 (AMI) bzw. zwei 30-mm Kanonen DEFA 554 (FAB) und bis zu 3800 kg externe Waffen verteilt auf fünf Aufhängepunkte sowie zwei Luft-Luft-Raketen AIM-9P Sidewinder (AMI) oder MAA-1 Piranha (FAB)
Erstflug:	15. Mai 1984

Drei AV-8B Harrier II der VMA-331 der US Marines im Formationsflug.

Bei der AV-8B Harrier II handelt es sich um eine Weiterentwicklung der British Aerospace Harrier GR.Mk.3 und der AV-8A durch ein Entwicklungsteam von McDonnell Douglas. Als Triebwerk wurde das verbesserte Rolls-Royce Pegasus Mk.105 (US-Bezeichnung F402-RR-406) ausgewählt, das sich durch einen höheren Standschub, größere Lebensdauer und Wartungsfreundlichkeit auszeichnete. Einziger Interessent

INFO ▶ **Die AV-8B wurde auf Basis des Harrier entwickelt. In den USA wird die AV-8B Harrier II nur beim Marine Corps eingesetzt. Neben den einsitzigen Einsatzflugzeugen gibt es noch die Trainerversion TAV-8B.**

für die Weiterentwicklung war das U.S. Marine Corps. Geplant war die Beschaffung von 342 AV-8B Harrier II. Auf Grund von Einsparungen wurde die Anzahl der zu liefernden AV-8B auf 280 Maschinen gekürzt. Infolge der Verluste während der Operation Desert Storm wurden jedoch sechs Flugzeuge zusätzlich bestellt, so daß sich die Anzahl der beschafften AV-8B auf 286 Einheiten erhöhte.

Eine grundlegende Änderung in der Auslegung betraf die komplette Neukonstruktion des Tragflügels. Dieser wies ein superkritisches Profil auf und wurde aus einer Kunstharzverbindung hergestellt. Die Flügelfläche wurde um 14,5 Prozent von 20,07 m² bei der AV-8A auf 22,15 m² erhöht, wodurch sich auch die Treibstoffkapazität erhöhte. Auch Teile des Rumpfes wurden aus Kunstharzverbindung hergestellt, was zu einer erheblichen Reduzierung des Gewichts führte. Auffälliges Merkmal sind auch die vergrößerten Lufteinläufe.

Erste Lieferung

Als Prototypen dienten zwei umgebaute AV-8A, die nun die Bezeichnung YAV-8B (BuNo.158394 und 158395) führten. Der erste der beiden Prototypen startete am 9. November 1978 zu seinem Erstflug. Während der Erprobung stürzte der zweite Prototyp nach einem Triebwerksausfall am 16. November 1979 ab. Im März 1979 erfolgte die Bestellung von vier Vorserienflugzeugen, deren erste am 5. November 1981 in St. Louis zu ihrem Erstflug startete. Die erste Serienmaschine flog dann am 29. August 1983.

Die Auslieferung der ersten Flugzeuge dauerte bis zum 12. Januar 1984. An diesem Tag erhielt die VMAT-203 in MCAS Cherry Point ihre ersten AV-8B, die zur Umschulung der Piloten eingesetzt wurden. Als erste Einsatzstaffel übernahm die VMA-331 im Oktober 1984 die AV-8B.

Trainer-Version

Am 21. Oktober 1986 flog die erste Maschine der Trainerversion TAV-8B Harrier II zum ersten Mal. 29 Exemplare wurden gebaut, davon gingen 26 an die VMAT-203, zwei an die italienische Marine und eine an die spanische Marine, die ihr Flugzeug 1992 bestellte. Das USMC erhielt die erste TAV-8B im März 1987. Die TAV-8B unterscheidet sich von der AV-8B in einem um 1,2 m verlängerten Bug, damit das zweite Cockpit untergebracht werden kann, und einem um 0,43 m höheres Leitwerk.

Eine Harrier II der VMA-331 hebt gerade ab, während die nächsten schon bereit gestellt sind.

Mit ihrer Senkrechtstartfähigkeit kann die AV-8B auch aus Waldlichtungen starten

Ab der 167. AV-8B (BuNo. 163853) konnten die Flugzeuge auch nachts eingesetzt werden. Die Maschinen werden teilweise auch als Night Attack AV-8B oder Night Attack Harrier II bezeichnet. Das erste Flugzeug dieser Variante wurde am 15. September 1989 an die VMA-214 ausgeliefert. Es verfügt im Cockpit über einen digitalen farbigen Kartenbildschirm, eine dem Nachtsichtgerät der Piloten angepaßte Instrumentenbeleuchtung, ein moderneres Head-Up Display und nach vorne gerichtete Infrarotsensoren.

AV-8B Harrier II-Plus

Ab der 205. Maschine (BuNo. 164129) wurden weitere Verbesserungen eingeführt. Dazu gehört ein Hughes APG-65 Multi-Mode-Radar, vergrößerte LERX (Leading-Edge Root Extensions) zur Verbesserung der Wendigkeit, eine eingebaute ECM-Ausrüstung und das leistungsstärkere Pegasus 11-61 Triebwerk. Vor dem Cockpit wurde ein FLIR-Nachtsichtgerät (Forward Looking Infrared) eingebaut. Das damit gewonnene Bild läßt sich wahlweise auf den Head-Up Display oder auf einen der beiden Farbbildschirme im Cockpit projizieren. Zur Aufnahme des APG-65 Radars mußte der Bug um 0,43 m verlängert werden. Diese Version wird mit AV-8B Harrier II Plus bezeichnet. Die erste AV-8B Harrier II Plus startete am 22. September 1992. Ausgeliefert wurde die erste Harrier II Plus (BuNo. 164542) im Frühjahr 1993. Die letzten 27 Maschinen aus dem Auftrag des USMC werden mit diesem Standard ausgeliefert. Von diesen Flugzeugen wurden drei nach Italien geliefert. 73 der Night Attack AV-8B werden auf Harrier II Plus-Standard umgerüstet.

In der Erprobung befindet sich zur Zeit eine modifizierte AV-8B Harrier II. Zur Aufnahme von Sidewinder Luft-Luft-Lenkwaffen wurden die Flügelspitzen neu gestaltet und zur Erhöhung des Wirkungsgrades des Triebwerks zusätzliche Leitbleche unter dem Rumpf angebaut.

Für den Einsatz auf dem neuen Flugzeugträger Principe de Asturias, der am 13. Mai 1988 in Dienst gestellt wurde, bestellte Spanien zwölf EAV-8B (spanische Bezeichnung VA.2 Matador II). Die Auslieferung der ersten drei Flugzeuge erfolgte am 6. Oktober 1987. Die EAV-8B werden zusammen mit den AV-8A(S) eingesetzt. Von der AV-8B Harrier II Plus bestellte Spanien im November 1992 zusätzlich noch acht Maschinen, die 1995 ausgeliefert wurden. Die EAV-8B sollen auf Harrier II Plus-Standard gebracht werden. Zur Ergänzung der beiden TAV-8A(S) erfolgte im März ein Auftrag über eine TAV-8B.

Nach einer 1988 erfolgten Gesetzesänderung erhielt die italienische Marine die Genehmigung, erstmals seit 1920 wieder Flugzeuge von Schiffen aus einzusetzen. Daraufhin erteilte Italien im Mai 1989 einen Auftrag über zwei TAV-8B zur Ausbildung der zukünftigen Harrier Piloten. Diese Flugzeuge wurden im August 1991 ausgeliefert. Die TAV-8B verblieben zunächst in den USA, da die Ausbildung dort durchgeführt wurde. Im Juli 1991 erfolgte die Bestellung der ersten drei AV-8B Harrier II Plus.

Im November 1992 gab Italien weitere 13 Einheiten in Auftrag, die in der Zwischenzeit alle ausgeliefert sind. Für den Einsatz der Flugzeuge wurde der Hubschrauberträger ITS Guiseppe Garibaldi mit einer Ski-Jump-Rampe ausgerüstet.

Hersteller:	Boeing
	USA
Verwendung:	V/STOL-Erdkampfflugzeug
Besatzung:	1
Triebwerk:	Ein Mantelstromtriebwerk mit Schwenkdüsen Rolls-Royce Pegasus 11-61 (F402-RR-408) mit 105,87 kN (10.795 kp) Standschub

Abmessungen und Leistungen:

Länge:	15,32 m
Höhe:	4,08 m
Spannweite:	9,24 m
Flügelfläche:	22,15 m2
Rüstmasse:	6740 kg
maximale Startmasse für Kurzstart:	14.090 kg
Höchstgeschwindigkeit auf Meereshöhe:	1065 km/h
Höchstgeschwindigkeit in Reiseflughöhe:	1200 km/h
Anfangssteiggeschwindigkeit:	66 m/Sek.
Dienstgipfelhöhe:	13.700 m
Einsatzradius mit je zwei Harpoon- und Sidewinder Lenkwaffen sowie einem 136-Liter-Zusatztank:	1128 km
Überführungsreichweite mit zwei 1136-Liter-Zusatztanks:	2650 km
Bewaffnung:	Eine fünfläufige 25-mm-Revolverkanone General Electric GAU-12/U unter dem Rumpf und acht Flügelstationen für Lenkwaffen AMRAAM, Sparrow, AIM-9L Sidewinder und AGM-65E Maverik sowie bis zu zwölf BL-755 Bomben. Maximale Waffenlast 6000 kg
Erstflug:	17. März 1993

Boeing B-1B Lancer

Eine B-1B der 319th BW rollt zum Start.

Genaugenommen begann die Geschichte der B-1 schon 1962, als die Kostenexplosion bei der Entwicklung des Überschallbombers B-70 so zunahm, daß die USAF von der Beschaffung dieses Bombers absah. Außerdem hatten sich die Ansichten der Militärplaner und auch die Einsatzsituation geändert. Nicht mehr überschallschnelle hochfliegende Bomber waren gefragt, sondern Flugzeuge, die im Tiefstflug eindringen konnten und somit erst spät von der gegnerischen Luftabwehr erkannt wurden.

In einer Studie, die ab 1965 für einen neuen Bomber, das AMSA-Projekt (Advanced Manned Strategic Aircraft / modernes bemanntes strategisches Flugzeug), durchgeführt wurde, hatte man schon das Konzept für den neuen in den wichtigsten Punkten festgelegt. In den Studien wurde als Ersatz für die B-52 ein Bomber vorgeschlagen, der in Baumwipfelhöhe in den gegnerischen Luftraum eindringen konnte und trotz des dadurch sehr hohen Kraftstoffverbrauchs noch über eine entsprechende Reichweite verfügen mußte.

Schwenkflügel-Konzept

1968 wurde beschlossen, daß der zukünftige Bomber in großen Höhen zweifache Schallgeschwindigkeit erreichen sollte und im Tiefflug hohe Unterschallgeschwindigkeiten. Dies hatte unter anderem zur Folge, daß das Flugzeug über schwenkbare Tragflächen verfügen mußte, die bei Start und Landung nach vorn geschwenkt werden und beim Angriff im Tiefstflug mit Überschallgeschwindigkeit nach hinten, so daß

> **INFO ▸ Durch politische Fehlentscheidungen kam es bei der B-1B zu einer ungewöhnlich langen Entwicklungszeit. Es wurden nur 100 Flugzeuge gebaut, die ab 1985 an das Strategic Air Command ausgeliefert wurden.**

die Tragflächen eine möglichst kleine Fläche bildeten. Beim Antrieb entschied man sich für Mantelstromtriebwerke mit Nachbrennern. Außerdem wurde die Forderung gestellt, daß für die Rettung der Besatzung das Flugzeug über eine absprengbare Kapsel verfügen sollte.

Gekürzter Auftrag

Die Ausschreibung der USAF wurde am 3. November 1969 veröffentlicht und am 5. Juni 1970 fiel die Entscheidung. Für die Entwicklung und den Bau des Flugzeuges wurde North American Rockwell ausgewählt und für die Triebwerke General Elec-

tric. Zunächst wurden fünf Prototypen und zwei Bruchzellen für statische Belastungsversuche des jetzt als B-1A bezeichneten Bombers bestellt.

General Electric erhielt einen Auftrag über 40 F101-Triebwerke. Bedingt durch Sparmaßnahmen im Verteidigungshaushalt wurden die Bestellungen im Januar 1971 auf drei Prototypen, eine Bruchzelle und 27 Triebwerke reduziert.

Die Montage der B-1 erfolgte in Palmdale im Werk 42 der USAF. Dort hatte dann auch die erste B-1 (s/n 74-0158) am 26. Oktober 1974 ihren Roll-out. Den Erstflug führte Charles Bock am am 23. Dezember 1974, der zur Erprobungsstelle auf der Edward Air Force Base führte. Jetzt wurde auch die

Eine B-1B im Steigflug auf ihre Einsatzhöhe.

Anzahl der Prototypen wieder auf vier erhöht. Der vierte Prototyp hatte die Seriennummer 76-0174. Das SAC (Strategic Air Command) plante die Übernahme von 250 B-1 als Ersatz für die B-52. Am 30. Juni 1977 verfügte Präsident Carter, daß keine B-1 beschafft werden sollte. Allerdings konnte die Entwicklung und Erprobung fortgesetzt werden.

Am 5. Oktober 1978 erreichte der zweite Prototyp Mach 2,25. Ab dem 14. Februar 1979 nahm der vierte Prototyp die Erprobung auf. Er diente als Erprobungsträger für die Abwehrelektronik OAS (Offensive

Die Flügel der B-1B sind für den Schnellflug nach hinten geschwenkt.

Avioniksystem), die von Boeing entwickelt wurde. Im Verlauf der Erprobung erfolgte eine Überarbeitung der Triebwerksgondeln, die neue Lufteinläufe erhielten. Die Rettungskapsel für die Besatzung wurde durch vier Weber Ace II-Schleudersitze ersetzt.

Neue Version

Mit dem Flug der s/n 76-0174 am 29. April 1981 endete die Flugerprobung der B-1A und die vier Prototypen wurden in Edwards AFB abgestellt. Im September 1981 fiel endlich die Entscheidung zugunsten der B-1 und es wurde die Beschaffung von 100 weiterentwickelten B-1B für das SAC beschlossen. Im Januar 1982 wurde der Auftrag erteilt. Die Flugzeuge sollten in den Jahren 1982 bis 1986 ausgeliefert werden. Der zweite und vierte Prototyp wurden dem B-1B-Standard angepaßt. Die s/n 74-0159 diente der Waffenerprobung und die s/n 76-0174 der Erprobung der Avionik. Die s/n 74-0160 wird in McConnell AFB zur Ausbildung des Bodenpersonals eingesetzt. Am 29. August 1984 ging der zweite Prototyp durch Absturz verloren. Unfallursache war die falsche Kraftstoffentnahme aus den vorderen und hinteren Tanks was zu einer Schwerpunktverlagerung führte, so daß die Maschine abstürzte.

Der Jungfernflug der ersten B-1B (s/n 82-0001) erfolgte am 18. Oktober 1984. Neun Flugzeuge wurden zur Einsatzerprobung nach Edwards AFB geliefert. Die Übergabe an das SAC erfolgte am 27. Juli 1985. Die ersten 29 B-1B erhielt das 96th BW in

Dyess AFB. Im April 1988 wurde die letzte B-1B ausgeliefert.

Die B-1B verfügt über keine Abwehrbewaffnung. Die Besatzungen müssen sich vollständig auf die elektronische Abwehr verlassen. Das Avioniksystem für den Angriff besteht aus dem Multi-mode-Radar AN/APQ-164 von Westinghouse, das aus dem AN/APQ-66 der F-16 entwickelt wurde. Außerdem steht ein Radarhöhenmesser ASN-121 von Honeywell, das AN/ALQ-161A Frequenzüberwachungssystem mit einem Untersystem für elektronische Gegenmaßnahmen und Störsendern sowie der Heckwarnempfänger AN/ASQ-184 zur Verfügung. Behälter für Düppel und IR-Täuschkörper sind im Rumpfrücken eingebaut.

Gegenüber der B-1A wurde der Bombenschacht der B-1B völlig überarbeitet. Insgesamt verfügt die B-1B über drei Bombenschächte. Ein Doppelschacht mit einer Länge von 9,53 m vor der Tragfläche und ein 4,57 m langer Bombenschacht hinter der Tragfläche. Die Verschlußklappen werden hydraulisch betätigt. Im vorderen Bombenschacht können bis zu acht AGM-86B Marschflugkörper an festen Trägern oder in einem rotierenden Startgerät mitgeführt werden.

Die B-1B Lancer steht heute bei der 7th Wing in Dyess AFB/Texas, der 28th BW in Ellsworth AFB/South Dakota, der 366th Wing in Mountain Home AFB/Idaho, und beim Air Force Flight Test Centre sowie der 127th BS der Air National Guard in McConnell AFB/Kansas und der 128th BS der Air National Guard in Robins AFB/Georgia im Einsatz.

Hersteller:	Boeing (Rockwell)USA
Verwendung:	strategischer Bomber
Besatzung:	4
Triebwerk:	Vier Mantelstromtriebwerke General Electric F101-GE-102 mit je 64,94 kN (6609 kp) Standschub ohne und 136,92 kN (13.935 kp) mit Nachbrenner

Abmessungen und Leistungen:

Länge:	44,81 m
Höhe:	10,36 m
Spannweite	
15 Grad geschwenkt:	41,67 m
67,5 Grad geschwenkt:	23,84 m
Flügelfläche:	181,16 m2
Spannweite des Höhenleitwerks:	13,37 m
Spurweite:	4,42 m
Rüstmasse:	87.091 kg
Tankinhalt:	88.450 kg
maximale Waffenlast innen:	34.020 kg
maximale Waffenlast außen:	26.762 kg
maximale Startmasse:	216.635 kg
Höchstgeschwindigkeit	
in großer Höhe:	1324 km/h
Geschwindigkeit	
in 61 m Höhe:	965 km/h
Dienstgipfelhöhe:	15.240 m
Reichweite ohne Luftbetankung:	1965 km

Bewaffnung: In drei Bombenschächten können B-61 und B-83 Atombomben mitgeführt werden oder bis zu 24 AGM-69A, zwölf B-28 oder 28 B-61 (318 kg) Bomben. Außerdem besteht die Möglichkeit, AGN-86B, AGM-129, AGM-137, bis zu 84 (227 kg) Mk.82 Bomben oder Mk-36 Minen zu laden. An den sechs äusseren Rumpfstationen können zwölf ALCM (Air Launched Cruise Missiles) mitgeführt werden.

Erstflug:	18. Oktober 1984

Diese B-52H der 2nd BW gehört zur Air Force Reserve der USAF.

Die B-52 wurde als Strahlbomber für die weltweiten Einsätze des Strategic Air Command der USAF entwickelt. Erste Entwürfe der XB-52 wurden bereits am 21. Oktober 1948 der USAF vorgestellt. Allerdings handelte es sich dabei noch um einen Bomber mit Propellerturbinen. Die USAF wünschte sich jedoch einen Bomber mit Strahltriebwerken. Boeing modifzierte kurzfristig seinen Entwurf zu einem mit acht Strahltriebwerken ausgerüsteten Langstreckenbomber. Es wurde ein Auftrag über zwei Prototypen, einer XB-52 (s/n 49-0230) und einer YB-52 (s/n 49-0231) erteilt.

Die XB-52 hatte am 29. November 1951 unter größter Geheimhaltung ihren Roll-out. Am 15. März 1952 folgte die YB-52, die am 15. April 1952 ihren Erstflug mit A.M. „Tex" Johnston und Oberstleutnant Guy M. Townsend im Cockpit absolvierte. Nach mehreren Verbesserungen startete die XB-52 am 2. Oktober 1952 zu ihrem Erstflug.

Neben den zwei Prototypen wurden noch drei B-52A zur Erprobung eingesetzt. Bei den nächsten zehn Flugzeugen handelte es sich bereits um B-52B aus der Produktion. Die erste B-52A absolvierte am 5. August 1954 ihren Erstflug.

Zunächst wurden zehn B-52A und 40 B-52B bestellt. 27 der B-52B wurden als RB-52B fertiggestellt und kamen als Aufklärer zum Einsatz. Sie wurden jedoch bereits Ende 1956 wieder ausgemustert. Als erster

> **INFO ▶ Eigentlich sollte die B-52 schon längst außer Dienst gestellt sein. Doch die USAF kann auf dieses bewährte Flugzeug nicht verzichten. Der Erstflug einer B-52H erfolgte im Jahr 1961. Geplante Außerdienststellung der letzten B-52H ist 2044. Das heißt, daß diese Version dann ein Einsatzleben von 83 Jahre haben wird.**

Einsatzverband erhielt das 93rd BW in Castle AFB die B-52.

Neue Elektronik

Als nächste Version folgte die B-52C. Bei ihr wurde die maximale Startmasse auf 203.850 kg erhöht. Ausgerüstet wurde die B-52C mit dem ASQ-48(V). Es bestand aus dem Zielradar ASB-15 unter dem Bug und dem nach vorne gerichteten Navigationsradar. Der Waffenstand verfügte über vier 12,7 mm-MG. Von dieser Version wurden 35 Flugzeuge gebaut.

Die B-52D war die Langstreckenversion der B-52C. Die Produktion umfaßte 170 Flugzeuge. Der Erstflug der B-52E erfolgte am 3. Oktober 1957. Auch bei ihr wurde hauptsächlich die Elektronik auf den neusten Stand gebracht. Neben dem Navigations- und Zielradar ASQ-38(V) gehörte zur Ausrüstung noch ein ASB-4A Radar, ein APN-89-Doppler, eine Radarkamera von General Electric und ein Kollsman-Astro-Kompaß. 100 B-52E verließen die Produktionshallen.

Die neue B-52G

Die B-52F wurden von neuen J57-F-43WB Strahltriebwerken mit einen Standschub von 6230 kp angetrieben. Dadurch mußten auch neue Triebwerkgondeln angebaut werden. Die B-52F flog erstmals am 6. Mai 1958,

Boeing B-52G im Landeanflug auf ihren Heimatstützpunkt.

Die drei Bomber im Einsatz bei der USAF. Vorne eine B-2A, in der Mitte eine B-52H der 2nd BW und hinten eine B-1B.

Boeing lieferte insgesammt89 B-52F aus.

Die einzige äußerliche Änderung bei der B-52G war das kürzere Seitenleitwerk, obwohl sie ein fast neues Flugzeug war. Das Seitenleitwerk wurde um 2,50 m verkürzt. Die Zelle wurde vollständig neu überarbeitet und die meisten Teile verstärkt. Sie verfügte über die größten Integraltanks, die bis zu diesem Zeitpunkt in Serie gefertigt wurden. Dadurch erhöhte sich die Treibstoffkapazität auf 176.054 Liter. Bei der B-52G entfielen an der Flächenhinterkante die Querruder. Der gewonnene Platz diente der Aufnahme von ALE-27 Düppelwerfern. Die Heckwaffe konnte jetzt über eine Zielverfolgungsantenne ferngesteuert werden. so daß der Bordschütze sich bei der Besatzung im Cockpit befand. Im Heck befand sich der Radarwarnempfänger APR-25 und der Störsender ALQ-117. Der Einbau dieser Anlage machte eine Verlängerung des Hecks um 1,02 m notwendig. Auch der Bug wurde um 30 cm verlängert. Somit hatte B-52 G eine Gesamtlänge von 49,04 m. Ab der G-Version kamen noch verbesserte Schleudersitze zum Einbau. An zwei Außenlastenträgern unter den inneren Tragflächen bestand nun die Möglichkeit zwei Luft-Boden-Lenkflugkörper AGM-28 Hound Dog von North American mitzuführen. Zur Selbstverteidigung standen Luftverteidigungs-Lenkflugkörper McDonnell ADM-20 Quail zur Verfügung. Es konnten je zwei ADM-20 im vorderen oder hinteren Bombenschacht untergebracht werden. 30 B-52G wurden für die Mitnahme von Harpoon-Anti-Schiff-Lenkwaffen ausgerüs-tet. Der Jungfernflug der B-52G fand am 27. Oktober 1958 statt. Ab Februar 1959 erfolgte die Auslieferung an das SAC, die im Januar 1961 abgeschlossen wurde. Die B-52G war mit 193 Einheiten die am meisten gebaute Version der B-52.

Von den 102 gebauten B-52H fliegen heute noch immer 94 Einheiten. Eine der ersten B-52G wurde auf Pratt & Whitney TF33-P-1 Triebwerke umgerüstet und flog erstmals im Juli 1960. Diese Triebwerke waren als Antrieb für die B-52H vorgesehen. Der Erstflug der B-52H fand am 6. März 1961 statt. Die H-Version wurde unter anderem für den Einsatz der luftgestützten ballistischen Rakete (ALBM) von Douglas, der GAM-87A Skybolt, entwickelt. Anfang 1963 wurde dieses Programm jedoch gestrichen. Die letztgebaute B-52, eine B-52H, rollte am 22. Juni 1962 aus der Halle. Anstelle der vier MGs im Heck kam bei der B-52H eine 20 mm Vulcan Revolverkanone mit 1200 Schuß zum Einbau.

Im Juli 1962 flog eine B-52H von Seymour Johnson AFB nonstop über die Bermudas, Grönland, Alaska, Kalifornien und Florida zurück zum Heimatstützpunkt. Die dabei zurückgelegte Entfernung betrug 18.140 km.

Marschflugkörper

Dieser Rekord wurde 25 Jahre lang nicht überboten. Die B-52H werden ständig mit den neuesten elektronischen Geräten modifiziert und auch bei der Bewaffnung immer auf dem neuesten Stand der Technologie gehalten. Mitte der 70er Jahre wurden strukturelle Verstärkungen durchgeführt und die Flugzeuge erhielten eine verbesserte Avionik. Für Tiefflugeinsätze bei Nacht und schlechtem Wetter kam das elektro-optische Sichtsystem ALQ-151 zum Einbau. Ebenfalls erhielten die Maschinen Geräte für elektronische Gegenmaßnahmen. Seit den 80er Jahren können AGM-86B Marschflugkörper mitgeführt werden. Mitte der 80er Jahre wurde mit dem Einbau von drehbaren Werfern im Waffenschacht begonnen. Die erste damit ausgerüstete B-52H flog im September 1985. Die Umrüstung wurde im August 1993 abgeschlossen. Seit 1991 besteht auch die Möglichkeit, die Stealth-Version der AGM-86, die AGM-129A, einzusetzen. Insgesamt verließen 744 B-52 die Fertigung bei Boeing.

Niemand hätte beim Erstflug der YB-52 geglaubt, daß sich die B-52 50 Jahre später immer noch im Einsatz bei der USAF befinden würde und nach heutiger Planung bis zum Jahr 2044 noch 62 B-52H bei den Einsatzgeschwader verbleiben werden.

Hersteller:	Boeing, USA
Verwendung:	strategischer Bomber
Besatzung:	6
Triebwerk:	Acht Zweiwellen Turbofantriebwerke Pratt & Whitney J57-43WB mit je 61,1 kN (6230 kp) Standschub und Wassereinspritzung

Abmessungen und Leistungen:

Länge:	49,05 m
Höhe:	12,40 m
Spannweite:	56,39 m
Flügelfläche:	371,60 m2
Rüstmasse:	84.000 kg
maximale Startmasse:	221.357 kg
Tankinhalt:	141.612 kg
Höchstgeschwindigkeit im Tiefflug:	676 km/h
Höchstgeschwindigkeit in großer Höhe:	957 km/h
Reisegeschwindigkeit	
Dienstgipfelhöhe:	12.190 m
Reichweite ohne Luftbetankung:	12.070 km
Startrollstrecke	2900 m
Landestrecke mit Bremsschirm:	900 m
Landestrecke ohne Bremsschirm:	2970 m
Bewaffnung:	20 Marschflugkörper AGM-86, zwei 20-mm-Revolverkanonen M61A1 mit 1200 Schuß als Defensivbewaffnung im ferngesteuerten Heckstand
Erstflug:	26. Oktober 1958

F-15B der 33rd TFW während einer Verlegeübung in Bremgarten.

Das Programm für die F-15 geht auf das Jahr 1965 zurück, als die USAF die FX-Ausschreibung veröffentlichte. Primäre Einsatzaufgabe des neuen Jagdflugzeuges sollte die Erringung und Sicherung der Luftüberlegenheit sein. Außerdem wurde erwartet, daß das neue Flugzeug noch im begrenzten Umfang für Schlechtwettereinsätze zur Verfügung stand.

Die Ausschreibung wurde von McDonnell gewonnen und die endgültige Form des Entwurfs von der USAF am 23. Dezember 1969 angenommen. McDonnell erhielt für die Erprobung den Auftrag über zehn F-15A, zwei Doppelsitzer TF-15A und acht Vorserienflugzeuge.

Pratt & Whitney F 100

Von der technischen Auslegung her ist die F-15 ein konventionelles Flugzeug. Die Zelle besteht zu 35,8 Prozent aus Leichtmetall. In Bereichen höherer Ermüdungs- und Temperaturbeanspruchungen kommen Titan (26,9 Prozent) und Verbundwerkstoffe (37,3 Prozent) zur Anwendung. Das Cockpit ist mit einem Douglas Escapac II-C Zero-Zero-Schleudersitz ausgestattet. Die Cockpithaube öffnet sich nach hinten oben und bietet dem Piloten ausgezeichnete Sichtverhältnisse. Die beiden Lufteinläufe sind zu beiden Seiten des Rumpfes angeordnet und verfügen über veränderliche Eintrittsquerschnitte, so daß in den Einlaufkanälen immer optimale Strömungsverhältnisse herrschen.

> **INFO ▶ Die F-15A Eagle ist ein Luftüberlegenheitsjäger, dessen Entwicklung bereits 1965 begann. Die F-15 konnte eine große Anzahl von Weltrekorden über die Steigzeit auf eine bestimmte Höhe aufstellen. Unter der Bezeichnung F-15B wurde ein Doppelsitzer für das Einsatztraining gebaut. Weiterentwicklungen sind die F-15C/D und F-15E.**

Für den Antrieb wurde das F100-PW-100 von Pratt & Whitney ausgewählt.

Zur Ausrüstung der F-15 gehört unter anderem ein AN/APG-63 Mehrzweck-Pulsdopplerradar von Hughes mit einer Reichweite von 160 km, ferner das AN/ASN-109 Trägheits-Navigationssystem von Litton, ein Head-Up Display und ein digitaler Zentralrechner von IBM.

F-15A wie F-15B sind mit einer 20 mm M.61-A1-Vulcan-Revolverkanone mit 940 Schuß ausgerüstet. Außerdem können noch AIM-9E/L Sidewinder und AIM-7F Sparrow III mitgeführt werden.

Die erste F-15A (s/n 71-0280) hatte am 26. Juni 1972 ihren Roll-out in St. Louis. Gleichzeitig wurde das mit einem neuen hellblauen Air Superiority-Sichtschutz versehene Flugzeug auf den Namen Eagle getauft.

Der Erstflug wurde in Edwards AFB am 27. Juli 1972 mit Irving L. Burrows im Cockpit durchgeführt. Die ersten 30 Serienmaschinen (F-15A/B) werden am 1. März 1973 bestellt. Die erste F-15A, mit einer 20 mm M.61A-1-Vulcan-Kanone war der fünfte Prototyp (s/n 71-0284). Der achte Prototyp (s/n 71-0287) wurde dagegen ausschließlich für Langsamflug- und Trudelversuche verwendet. Am 7. Juli 1973 startete die erste TF-15A (s/n 71-0290) zu ihrem Jungfernflug. Die zehnte und letzte F-15A des Erprobungsloses hob am 16. Januar 1974 zum Erstflug ab.

Steigflug-Weltrekord

Das Erprobungprogramm umfaßte über 3300 Flüge. Dabei wurden mehrere Weltrekorde aufgestellt. Am 29. Oktober 1973 wurde beim 1000sten Testflug eine Geschwindigkeit von Mach 2,3 und eine Höhe von 18.000 m erreicht. Am 16. Januar und am 1. Februar 1975 konnten mit der F-15A (s/n 72-0119) die Flugleistungen des Flugzeugs erneut unter Beweis gestellt werden. An diesen beiden Tagen konnten in Grand Forks AFB acht neue Steiggeschwindigkeits-Weltrekorde aufgestellt werden.

F-15A der 32nd FS aus Soesterberg während einer Übung in Spangdahlem.

F-15A beim Abschuß einer Luft-Luft Lenkwaffe AIM-7 Sparrow.

Piloten der Rekordflüge waren Major Roger Smith, Major Willard Mac Farlane und Major David Peterson. Allerdings muß bemerkt werden, daß es sich dabei nicht um eine Einsatzmaschine handelte. Der Ausbau der kompletten Bewaffnung und des Feuerleitradars brachte eine Gewichtsersparnis von fast 2000 kg. Entscheidend für diese Erfolge waren das Schub/Gewichtsverhältnis von mehr als 1:1 und die niedrige Flächenbelastung.

In Europa wurde die F-15 erstmals im September 1974 in Farnborough vorgeführt. Dabei handelte es sich um die zweite TF-15A (s/n 71-0291). Die 4900 km lange Strecke von der Loring AFB in Maine nach RAF Bentwaters in England wurde nonstop und ohne Luftbetankung in 5,3 Stunden zurückgelegt. Neben ihren normalen drei 2271 Liter Zusatztanks war die TF-15A noch mit zwei neuen FAST Packs (Fuel and Sensor Tactical) ausgerüstet. Diese waren unter den Trag-

flächen am Übergangsbereich zwischen Flügel und Rumpf beidseitig befestigt. Die Behälter sind fast zehn Meter lang und können neben einer Kraftstoffmenge von 2268 Litern noch zahlreiche Aufklärungs- und ECM-Sensoren aufnehmen.

Die erste Maschine, die an die USAF übergeben wurde, war eine F-15B, wie die TF-15A jetzt hieß. Die Übergabe erfolgte am 14. November 1974 an die 58th TFTW auf der Luke AFB in Arizona.

Als erster Einsatzverband erhielt die 1st TFW am 9. Januar 1976 in Langley AFB die F-15A. Mitte des Jahres hatten bereits alle drei Staffeln des 1st TFW ihre insgesamt 72 Flugzeuge übernommen.

Der zweite Einsatzverband, der auf die F-15A umrüstete, war das 36th TFW der USAFE in Bitburg. Die beiden ersten Maschinen (s/n 75-0049 und -0050) trafen am 5. Januar 1977 ein, weitere 20 Flugzeuge folgten am 27. April

1977. Zugeteilt wurden die Flugzeuge der 525th TFS. Es folgten die 53rd und 22nd TFS und im Herbst desselben Jahren war das 36th TFW einsatzbereit.

Einsatz im Golfkrieg

Die F-15B (s/n 71-0291) wurde das Vorführflugzeug von McDonnell Douglas und wurde allen interessierten Luftwaffen vorgestellt. Als erste ausländische Luftwaffe erwarb Israel vier F-15A, die am 10. Dezember 1976 übergeben wurden. Weitere 19 F-15A und zwei F-15B folgten. Nach dem Golfkrieg erhielt Israel 1981 nochmals zehn F-15A. Erstmals zum Kriegseinsatz kamen F-15A am 27. Juni 1979 in Israel. An diesem Tag schossen israelische Piloten fünf syrische MiG-21 ab.

Nach der Produktion von 330 F-15A und 57 F-15B lösten die F-15C und F-15D diese Serien in der Fertigung ab. Inzwischen hat die Ausmusterung der F-15A/B begonnen und die Flugzeuge werden auf der Davis-Monthan AFB in Arizona eingemottet.

Zur Aufwertung der F-15A/B begann 1990 das Kampfwertsteigerungsprogramm MSIP (Multi Stage Improvement Program), das alle Flugzeuge ab 1976 betrifft. Im Rahmen dieser Modifizierung kommt das neue AN/APG-70 Radar zum Einbau. Desweiteren wird die Avionik dem neuesten Stand angepaßt, dazu gehört ein neuer Multifunktionsbildschirm, ein neuer Zentralrechner sowie eine neue Waffenkontrolleinheit. Es besteht nun auch die Möglichkeit, AIM-120 AMRAAM Luft-Luft-Lenkwaffen mitzuführen. Hinter der vorderen Fahrwerksklappe werden Chaff/Flare-Abschußbehälter eingebaut.

Hersteller:	Boeing, USA
Verwendung:	Abfangjagdflugzeug
Besatzung:	1
Triebwerk:	Zwei Mantelstromtriebwerke Pratt & Whitney F-100-PW-100 mit je 65,26 kN (6654 kp) Standschub und 106,6 kN (10.869 kp) mit Nachbrenner

Abmessungen und Leistungen:

Länge:	19,43 m
Höhe:	5,63 m
Spannweite:	13,05 m
Flügelfläche:	56,48 m2
Rüstmasse:	12.973 kg
normale Startmasse:	18.894 kg
Startmasse mit drei 2271 Liter Zusatztanks:	24.675 kg
maximale Startmasse:	25.401 kg
interner Kraftstoffvorrat:	5260 kg
externer Kraftstoffvorrat in drei 2271 Liter Zusatztanks:	5395 kg
maximale Waffenlast:	7257 kg
Höchstgeschwindigkeit auf 10.975 m:	2655 km/h
Reisegeschwindigkeit:	917 km/h
Steiggeschwindigkeit:	254 m/Sek.
Dienstgipfelhöhe:	18.290 m
Einsatzradius:	1800 km
Startstrecke mit Luftbremse:	840 m
Landestrecke ohne Luftbremse:	1067 m
Landestrecke mit Luftbremse:	762 m
Überführungsreichweite mit Zusatztanks:	4631 km
Bewaffnung:	Eine sechsläufige 20-mm-Revolverkanone M61A1 Vulcan mit 940 Schuß und vier Luft-Luft-Lenkwaffen AIM-9L Sidewinder und vier AIM-7F Sparrow, ein Aufhängepunkt unter dem Rumpf und vier unter den Flügeln sowie vier Startschienen in den Unterrumpfvertiefungen
Erstflug:	27. Juli 1972

F-15D der Royal Saudi Air Force hoch über den Wolken.

Ab Juni 1979 wurden die F-15A/B durch F-15C/D in der Fertigung abgelöst. Äußerlich ist kein Unterschied festzustellen. Das APG-63 Radar wurde durch einen programmierbaren Signal Processor (PSP) ergänzt und die Kraftstofftanks vergrößert, so daß 908 kg mehr mitgenommen werden

INFO ▶ Die F-15C ist eine Weiterentwicklung der F-15A mit leistungsstärkeren Triebwerken und verbesserter Ausrüstung. Äußerlich ist zwischen beiden Versionen kein Unterschied festzustellen. Sie löste die F-15A bei den Geschwadern der USAF ab. Neben den USA fliegt sie bei den Luftwaffen von Israel, Japan und Saudi Arabien.

können. Ebenfalls können die mit der F-15B erprobten FAST Packs mitgeführt werden. Diese werden jetzt aber als CFT (conformal fuel tanks) bezeichnet und können 5678 Liter Kraftstoff aufnehmen. Außerdem kann man unter den CFTs bis zu zwölf 450 kg oder vier 900 kg-Bomben sowie verschiedene Aufklärungs- und Waffensensoren mitführen. Um die erhöhte Startmasse von 30.845 kg aufnehmen zu können, mußten auch am Fahrwerk Änderungen vorgenommen werden. Seit 1985 kommt das weiterentwickelte und leistungsgesteigerte F100-PW-220, das nach einer Erprobungszeit von 4000 Stunden serienreif war, zum Einbau.

Ab 1988 wurden die AIM-7 Sparrow Luft-Luft-Raketen AIM-120 AMRAAM ersetzt.

Der Erstflug der F-15C fand am 26. Februar 1979 in St. Louis statt, der der F-15D am 19. Juni 1979.

Die Ausbildung der Piloten für die F-15C/D findet nun beim 325th TTW in Tyndall AFB statt.

Modernisierte Avionik

Das auf dem Stützpunkt Kadena in Japan stationierte 18th TFW erhielt als erste Einheit die F-15C/D zugeteilt. Die ersten Flugzeuge trafen im September 1979 ein und bis April 1980 war die Umrüstung abgeschlossen. Anschließend wurden die F-15A/B der 1st TFW, 33rd TFW, 36th TFW und der 32nd FS in Soesterberg in Holland durch die F-15C/D abgelöst. Die in Keflavik AB auf Island stationierte 57th FIS „Black Knights" rüstete 1985 von der F-4E Phantom II auf die F-15 C/D um. Im Rahmen des Modernisierungsprogramms MSIP wurden die F-15C/D wie die F-15A/B ab 1990 kampfwertgesteigert. Das Programm umfaßt eine modernisierte Avionikausrüstung, verbesserte Feuerleit-, ELOKA-,

Kommando-, Kontroll- und Kommunikationsgeräte. So wurde unter anderem das APG-63 durch das APG-70 mit einer höheren Rechnerkapazität ersetzt. Weiterhin kam ein Farbbildschirm von Honeywell zum Einbau. Hinter der Bugradklappe kamen AN/ALE-45 Düppelwerfer zum Einbau.

Nach dem Abschluß des Programms gab die 32nd FS 1991 ihre F-15C/D wieder ab und stellte dafür wieder modernisierte F-15A/B MSIP in Dienst.

Große Verlegungsaktion

Im Rahmen der Operation Desert Shield verlegte das 1st TFW mit 48 F-15C/D am 6. August 1990 von Langley AFB nach Dhahran in Saudi Arabien. Das war die größte Verlegung von Jagdflugzeugen, die bis dahin durchgeführt wurde. Die Flugzeuge flogen nonstop und waren zwischen 14 und 17 Stunden in der Luft, wo sie sechsmal betankt

F-15D der 53rd FS „Tigers" setzt in Lechfeld zur Landung an.

Vier F-15D der 1st TFW im Formationsflug kurz nach der Übernahme der Flugzeuge durch das Geschwader.

wurden. Im September 1990 verlegten noch Teile des 33rd TFW und des 36th TFW Maschinen nach Tabuk, ebenfalls in Saudi Arabien. Weitere Maschinen des 36th TFW flogen zusammen mit F-15C der 32nd TFS nach Incirlik in der Türkei. Mit Beginn des Golfkriegs befanden sich fünf F-15C Staffeln im Kriegsgebiet. Während der Kampfhandlungen konnten die Piloten der 58th TFS/33rd TFW 17 Luftsiege erzielen. Insgesamt wurden 32 Luftsiege durch F-15C Eagle erzielt, zwei davon von einem Piloten der Luftwaffe Saudi Arabiens. In dieser Zeit wurden über 2200 Kampfeinsätze geflogen, wobei die Piloten 7700 Stunden in der Luft waren.

In St. Louis arbeitet man an weiteren Projekten, um die Leistungsfähigkeit der Maschine auf dem neuesten Stand zu halten. Im Oktober 1994 erhielt McDonnell Douglas einen Auftrag, um das APG-63-Radar der F-15A/B/C/D zu verbessern. Die Zuverlässigkeit des Radars sollte durch die Verwendung neuer Hardware verzehnfacht werden.

Dabei greift Hughes auf bewährte Komponenten des APG-73 zurück und verwendet außerden teilweise die Software des APG-70 der F-15E. Die Flugerprobung des APG-63(V)1-Radars wurde am 18. Juli 1997 aufgenommen und die Fertigung von Umrüstsätzen konnte Anfang 1999 beginnen. Die Anzahl der für die USAF gebauten Flugzeuge liegt bei 408 F-15C und 62 F-15D. Wiederum gehörte Israel zu den ersten Nationen, die die neue F-15C/D übernehmen konnten. Dabei handelte es sich um 18 F-15C und acht F-15D die 1981 und 1982 ausgeliefert wurden. Fünf weitere F-15D wurden 1988 bestellt und 1992 ausgeliefert.

Japan wollte bereits die F-15A/B bestellen. Aus finanziellen Gründen kam der Auftrag aber nicht zustande. Mitsubishi schloß mit McDonnell Douglas einen Lizenzvertrag über den Bau von 123 F-15J, die auf den F-15C basierte. Allerdings verfügten diese Flugzeuge nicht über eine ECM-Ausrüstung, wie sie in Flugzeugen der USAF zu finden war. So wurde das AN/ALQ-135 gegen das J/ALQ-8 und das AN/ALR-56 RHAWS gegen das J/APR-4 ausgetauscht. McDonnell Douglas baute die ersten beiden F-15J für die japanische Luftwaffe und lieferte Bausätze für acht F-15DJ, die bei Mitsubishi montiert wurden. Die erste F-15J flog in St. Louis am 4. Juni 1980. Als erste Einheit erhielt die Rinii F-15 Hikotai im Dezember 1981 für die Umschulung der Piloten die F-15. 1991 erhöhte man die Bestellung um elf Flugzeuge und 1992 um weitere sieben. Zwölf Trainer F-15DJ wurden bei McDonnell Douglas gebaut. Das erste mit F-15J und F-15DJ ausgerüstete Geschwader wurde 1983 aufgestellt. Insgesamt verfügt Japan heute über 22 Staffeln, die mit F-15D und DJ ausgerüstet sind.

Export nach Saudi-Arabien

Ab Januar 1981 erhielt Saudi Arabien 46 F-15C und 16 F-15D. Nach dem Golfkrieg wurden weitere 24 F-15C/D aus den Beständen der USAF geliefert. Nach langen Verhandlungen konnte Saudi Arabien 1984 für diese Flugzeuge noch die CFT und MER-200 Bombenrüstsätze erwerben. Bei Grenzstreitigkeiten zwischen dem Iran und Saudi Arabien kamen erstmals F-15C zum Kampfeinsatz und schossen am 5. Juni 1984 zwei iranische F-4E Phantom II ab. Eine zusätzliche Lieferung von neun F-15C und drei F-15D an Saudi Arabien erfolgte Mitte 1991.

Hersteller:	Boeing, USA
Verwendung	Abfangjagdflugzeug
Besatzung	1
Triebwerk:	Zwei Mantelstromtriebwerke Pratt & Whitney F-100-PW-220 mit je 65,26 kN (6654 kp) Standschub und 106,6 kN (10.869 kp) mit Nachbrenner

Abmessungen und Leistungen:

Länge:	9,43 m
Höhe:	5,63 m
Spannweite:	13,05 m
Flügelfläche:	56,48 m²
Rüstmasse:	12.793 kg
normale Startmasse:	20.244 kg
maximale Startmasse mit zwei FAST-packs:	30.844 kg
interner Kraftstoffvorrat:	6103 kg
externer Kraftstoffvorrat in zwei FAST-packs:	4423 kg
externer Kraftstoffvorrat in drei 2271 Liter Zusatztanks:	5395 kg
maximale Waffenlast ohne FAST-packs:	7257 kg
mit FAST-packs:	10.705 kg
Höchstgeschwindigkeit auf 10.975 m:	2655 km/h
Reisegeschwindigkeit:	917 km/h
Steiggeschwindigkeit:	254 m/Sek.
Dienstgipfelhöhe:	18.290 m
Einsatzradius:	1967 km
Startstrecke mit Luftbremse:	840 m
Landestrecke ohne Luftbremse:	1067 m
Landestrecke mit Luftbremse:	762 m
Überführungsreichweite mit Zusatztanks undohne FAST-packs:	4631 km
mit FAST-packs:	5560 km
Bewaffnung: Eine sechsläufige 20-mm-Revolverkanone M61A1 Vulcan mit 940 Schuß, vier Luft-Luft-Lenkwaffen AIM-9L Sidewinder und vier AIM-7F Sparrow oder AIM-120 AMRAAM, ein Aufhängepunkt unter dem Rumpf und vier unter den Flügeln sowie vier Startschienen in den Rumpfvertiefungen	
Erstflug:	26. Februar 1979

Boeing F-15E Eagle

F-15E mit voller Waffenlast beim Flug in der Abenddämmerung.

Mit der F-15E wird deutlich, welche Möglichkeiten in diesem Flugzeug stecken. Als reines Luftüberlegenheitsjagdflugzeug entwickelt, wandelte es sich in dieser Version zu einem Mehrzweckkampfflugzeug.

1970 gab es bei der USAF erste Überlegungen für einen Nachfolger der General Dynamics F-111 und FB-111A. Die Auswahl für den neuen Langstreckenjagdbomber, der sowohl bei schlechtem Wetter und in der Nacht Einsätze im Tiefflug durchführen sollte, lief unter der Bezeichnung ETF (Enhanced Tactical Fighter). So entschloß sich McDonnell Douglas, die F-15 in Richtung Jagdbomber weiterzuentwickeln.

Verstärkte Struktur

Die F-15E wurde von Anfang an zweisitzig ausgelegt. Dem zweiten Mann im Cockpit wurde die Aufgabe des WSO (Waffen-System-Offizier) übertragen. McDonnell Douglas baute die zweite F-15B (s/n 71-0291) zum Kampfflugzeug um, aber immer noch mit der Option, Jagdeinsätze zu fliegen. Das Flugzeug wurde damals unter dem Namen Strike Eagle bekannt, der sich aber nicht durchsetzte. Die Erprobung der einzelnen Komponenten begann im Oktober 1980 und dauerte bis 1983. Am 24. Februar 1984 fiel dann die Entscheidung zu Gunsten der F-15E. Bedingt durch die höhere Abflugmasse mußte die Struktur umfassend verstärkt werden. Rund 60 Prozent aller Bauteile wurden neu konstruiert. Die ersten 134 F-15E erhielten das auch bei der F-15C/D eingebaute Pratt & Whitney F100-PW-200, das seit 1985 verfügbar ist. Ab der 135. Maschine kam

INFO ▶ Bei der F-15E handelt es sich um eine Mehrzweckvariante des Eagle. In ihrer ersten Einsatzrolle wird sie für den Erdkampf verwendet und kann eine maximale Waffenlast von über 11.000 kg mitführen. In der zweiten Rolle kann die F-15E jederzeit noch als Abfangjagdflugzeug eingesetzt werden.

die neue und stark verbesserte Version F100-PW-229 zum Einbau. Ausgerüstet ist die F-15E mit einem AN/APG-70 Radar von Hughes, das eine relativ hohe Auflösung des Radarbildes aufweist, ferner mit dem LANTIRN (Low Altitude Navigation and Targeting Infra-Red for Night) AN/AAQ-13 Navigationssystem in einem Behälter unter dem rechten Lufteinlaufschacht und einem Zielerfassungsgerät AN/AAQ-14 in einem Behälter unter dem linken Lufteinlaufschacht.

Durch diese Geräte werden alle Informationen auf das Weitwinkel-HUD (Head-Up Display) des Piloten und den CRT (Color Cathode Ray Tube = Farbbildschirm) des WSO übertragen. Im Navigationsbehälter befindet sich auch das Terrainfolgeradar, welches auf den dreifach redundanten Flugregler von Lear Astronics aufgeschalten werden kann, so daß ein automatischer Geländefolgeflug in einer Höhe niedriger als 50 m möglich ist. In dem Behälter mit dem Zielerfassungsgerät befindet sich noch ein zweiter, nach vorn gerichteter, IR-Sensor, der mit einem Laser-Zielbeleuchter und -entfernungsmesser parallel läuft. Dadurch besteht die Möglichkeit, lasergelenkte GBU-10 und GBU-24 einzusetzen. Zur Bewaffnung gehört standardmäßig eine 20 mm M.61-A1-Vulcan-Revolverkanone sowie AIM-9L Sidewinder und AIM-120 AMRAAM Luft-Luft-Lenkwaffen. Durch das integrierte Kontroll- und Anzeigesystem ist die Besatzung in der Lage, gegnerische Flugzeuge zu erkennen

Zwei F-15E der 412th Test Squadron drehen gerade zur Erprobung der Waffen auf den Schießplatz ein.

Die beiden Buchstaben am Leitwerk der vorderen Maschine deuten darauf hin, daß diese Maschine zur 4th Wing aus Seymour Johnson gehört.

und die richtige Waffenwahl zur Bekämpfung zu treffen.

Ebenfalls standardmäßig sind zwei CFT beidseitig am Rumpf angebaut, in denen zusätzlicher Kraftstoff und Aufklärungssensoren und eine ECM-Ausrüstung mitgeführt werden können.

Am 11. Dezember 1986 absolvierte die F-15E vom Lambert Field in St. Louis ihren Erstflug. Die USAF meldete einen Bedarf von 392 Flugzeugen an, der Kongress genehmigte aber nur 209 Flugzeuge.

Die 405th Tactical Training Wing in Luke AFB übernahm am 11. April 1988 die erste F-15E. Dieser Einheit untersteht die Ausbildung der F-15E Piloten. Als erstes Einsatzgeschwader erhielt das 4th TFW in Seymour Johnson AFB am 29. Dezember 1988 die F-15E. Die 336th TFS des 4th TFW meldete sich im Oktober 1989 einsatzklar. Weitere Flugzeuge gingen an das 48th FW in RAF Lakenheath und die 90th FS des 3rd Wing.

1996 entschloß sich das Pentagon, weitere zwölf F-15E zu erwerben. Diese Flugzeuge wurden ab November 1998 ausgeliefert. Sollten keine weitere Aufträge mehr eingehen, wird die Produktion der F-15 im August 1999 nach 1551 gebauten Flugzeugen eingestellt.

Export nach Israel

Die US Air Force testete auch den Einsatz der General Electric-F110-GE-129-Triebwerke. Zwei F-15E der Test and Evaluation Squadron in Nellis AFB wurden für ein 500-Stunden-Flugprogramm entsprechend umgerüstet. Diese fliegen seit April bzw. Ende August 1997. Auch über die geplante Umrüstung von bis zu 100 F-15E für Anti-Radar Einsätze mit AGM-88 HARM Lenkwaffen wurde nichts weiter bekannt.

Für Israel wurde eine weitere Version der F15, die F-15I gebaut. Diese Maschine ist mit der F-15E weitgehend identisch. Es handelt sich dabei ebenfalls um einen Doppelsitzer mit Hughes APG-70-Radar und Pratt & Whitney-F-100-PW-229-Triebwerken. Die Ausrüstung kommt teilweise aus Israel. So wird in der F-15I das DASH-Helmvisier von Elbit eingesezt. Die wichtigsten Geräte für die elektronische Kampfführung lieferten Elisra und Rokar.

Am 12. Mai 1994 wurde zunächst ein Auftrag über 21 Flugzeuge erteilt, dieser wurde im November 1995 auf 25 Einheiten erhöht. Ihren Erstflug hatte die F-15I am 12. September 1997 mit Boeing-Testpilot Joe Felock und Major Rick Junkin von der USAF absolviert. Dabei wurde eine Höhe von 12.190 m und eine Geschwindigkeit von Mach 2 erreicht. Offizell vorgestellt wurde die F-15I am 6. November 1997. Das Testprogramm wurde auf der Edwards AFB durchgeführt. Die ersten F-15I wurden im Januar 1998 nach Israel überführt und die Auslieferung bis Ende 1998 abgeschlossen.

Export nach Saudi-Arabien

Eine weitere Variante ist die F-15S, von der 72 Einheiten im Mai 1993 von Saudi-Arabien bestellt wurden. Zunächst wurde diese Version auch als F-15XP bezeichnet. Die Leistungen der Avioniksysteme wurden jedoch gegenüber der F-15E eingeschränkt. So hat das APG-70 Radar von Hughes eine reduzierte Auflösung und an dem LANTIRN Behälter werden keine Waffenstationen mehr vorhanden sein. Der Erstflug der F-15S fand am 19. Juni 1995 statt, die offizielle Vorstellung allerdings erst am 12. September 1995. Die Lieferungen begannen im November 1995, mittlerweile sind alle F-15S ausgeliefert.

Hersteller:	Boeing, USA
Verwendung:	Erdkampf- und Abfangjagdflugzeug
Besatzung:	2
Triebwerk:	Zwei Mantelstromtriebwerke Pratt & Whitney F-100-PW-229 mit je 79,2 kN (8073 kp) Standschub und 129,4 kN (13.200 kp) mit Nachbrenner

Abmessungen und Leistungen:	
Länge:	19,43 m
Höhe:	5,63 m
Spannweite:	13,05 m
Flügelfläche:	56,48 m2
Rüstmasse:	14.379 kg
maximale Startmasse:	36.741 kg
interner Kraftstoffvorrat:	5952 kg
externer Kraftstoffvorrat in zwei CFT und drei 2309 Liter Zusatztanks:	9818 kg
maximale Waffenlast:	11.113 kg
Höchstgeschwindigkeit auf 12.190 m Höhe:	2655 km/h
Höchstgeschwindigkeit im Tiefstflug mit maximaler Bombenzuladung:	908 km/h
Reisegeschwindigkeit:	917 km/h
Steiggeschwindigkeit:	254 m/sek
Dienstgipfelhöhe:	18.290 m
Einsatzradius:	1270 km
Überführungsreichweite mit zwei CFT und Zusatztanks:	5745 km
Überführungsreichweite mit Zusatztanks:	4445 km
Startstrecke:	2440 m
Landestrecke ohne Luftbremse:	1067 m
Bewaffnung: Eine sechsläufige 20-mm-Revolverkanone M61A1 Vulcan mit 512 Schuß, vier Luft-Luft-Lenkwaffen AIM-7M Sparrow oder acht AIM-120 AMRAAM, ein Aufhängepunkt unter dem Rumpf und zwei unter den Flügeln sowie zwölf Aufhängepunkte an den CFT für 26 Mk. 82 Bomben oder sieben Mk. 84 Bomben oder sieben GBU-10 oder 15 GBU-12 oder zwei GBU-15 Lenkwaffen. Weiterhin können bis zu sechs AGM-65 Maverick Luft-Boden-Raketen, AGM-88A HARM Anti-Radar-Flugkörper und bis zu fünf B57 oder B61 Atombomben mitgeführt werden.	
Erstflug:	11. Dezember 1986

F/A-18A der Erprobungseinheit PMTC der US Navy beim Abwurf eines Harpoon Luft-Boden-Lenkflugkörpers.

An der Ausschreibung der USAF beteiligten sich Northrop mit der YF-17 und General Dynamics mit der YF-16. Sieger der Ausschreibung wurde General Dynamics. Zur gleichen Zeit suchte auch die US Navy ein neues Mehrzweckflugzeug und entschied sich für eine Weiterentwicklung der YF-17 mit einer verstärkten Struktur und dem F404 Mantelstromtriebwerk von General Electric. Das neue Flugzeug mit der Bezeichnung F-18 sollte die F-4 Phantom II und die A-7 Corsair II bei der US Navy und den US Marines ablösen.

Aufgeteilte Fertigung

Da Northrop keine Erfahrung mit der Konstruktion von Marineflugzeugen hatte, entschied man sich für die Zusammenarbeit mit McDonnell Douglas. Zuerst war geplant, zwei separate Maschinen zu bauen, zum einen die F-18 als Jagdflugzeug und die A-18 als Angriffsflugzeug. Dann entschied man sich jedoch nur eine Version die F/A-18 zu bauen, die beide Aufgaben erfüllen konnte. Zwischen den beiden Firmen sollte die Fertigung so aufgeteilt werden, daß die bordgestützten Flugzeuge bei McDonnell Douglas

> **INFO ▶ Die Hornet wurde zuerst als Jagdflugzeug entwickelt. Später kam als weitere Aufgabe noch der Erdkampf hinzu. Dies war dann der Grund für die Doppelbezeichnung F/A für Fighter und Attack. Die Weiterentwicklung der F/A-18A ist die F/A-18C.**

und die landgestützte Version F/A-18L bei Northrop entwickelt werden sollte. Die Fertigung teilten sich beide Firmen gleichmäßig auf.

Ausgerüstet ist die F/A-18 mit einem APG-65-Mehrzweck-Radar von Hughes. Mit diesem Radargerät kann der Pilot bis zu zehn Ziele verfolgen, acht davon auf dem Bildschirm darstellen und trotzdem die Suche nach anderen Bedrohungen fortsetzen.

Neun Waffenstationen

Im Cockpit sind drei Multifunktions-Farbbildschirme (CRT) installiert sowie ein Head-Up Display sowie eine HOTAS (Hands on throttle and stick controls) Ausrüstung. Das bedeutet, das alle wichtigen Bedienungselemente sich am Steuerknüppel und Schubhebel befinden. Ferner verfügt die Maschine über ein LST/SCAM ASQ-173 von Martin-Marietta, AN/AAS-38 FLIR von Ford mit einem Laserentfernungsmeßgerät von Ferranti, ein AN/AAR-50 TINS von Hughes und einen Radarwarnempfänger ALR-67.

Für den Luftkampf stehen zwei AIM-9L Sidewinder an den Flügelspitzen und AIM-7F Sparrow unter dem Rumpf sowie eine 20-mm M.61A-1 Vulcan Revolverkanone von General Electric mit 570 Schuß zur Verfügung. An neun externen Waffenstationen unter dem Rumpf und unter den Tragflächen können Zusatztanks, AGM-65 Zusatztanks AGM-88 HARM, ungelenkte Raketen und bis zu 27 Mk.82-Bomben mitgeführt werden.

Für die Flugerprobung wurden elf Flugzeuge bestellt, wobei es sich um neun Einsitzer F/A-18A und zwei Doppelsitzer TF-18A (später als F/A-18B bezeichnet) handelte. Der erste Prototyp absolvierte seinen Jungfernflug am 18. November 1978. Die restlichen Flugzeuge nahmen bis März 1980 ebenfalls die Erprobung auf. Im Laufe der Erprobung

Die spanische Luftwaffe hat 95 Hornet im Einsatz. Hier ein Trainer EF/A-18B der 151. Esquadron aus Zaragoza.

Doppelsitzer F/A-18B der australischen Luftwaffe.

mußten einige Änderungen durchgeführt werden. Diese betrafen die Struktur, Flugsteuerungsprogramme und Triebwerke.

Geplant war eine Beschaffung von 1366 Flugzeugen. Diese Zahl wurde jedoch auf Grund der stark gestiegenen Programmkosten auf 371 Flugzeuge reduziert. Die ersten Maschinen wurden bereits im Mai 1980 an die Erprobungseinheit der US Navy ausgeliefert. Der erste Einsatzverband, der die F/A-18A im August 1982 übernahm, war die VMFA-314 der US Marines. Sie meldete sich am 7. Januar 1983 einsatzbereit. Die US Navy erhielt ihre ersten Einsatzmaschinen im August 1983, die der VFA-113 zugeteilt wurden. Fast gleichzeitig erhielt auch die VFA-25 die F/A-18A. Die VFA-113 verlegte erstmals als Teil der Carrier Air Group 1985 an Bord der USS Constellation. Den ersten Kampfeinsatz flogen Hornets im April 1986 gegen Ziele in Libyen. Die waren je zwei Staffeln der US Navy und des US Marine Corps, die von Bord der USS Coral Sea starteten.

Auch beim Golfkrieg 1991 kamen F/A-18 zum Einsatz, wobei die US Navy neun Staffeln und das Marine Corps sieben Staffeln einsetzte. Von der F/A-18B wurden nur 40 Einheiten gebaut, die meisten davon stehen bei der VFA-106 im Einsatz.

Auch der Einsatz als Aufklärer wurde vorgesehen. Als Musterflugzeug wurde der erste Prototyp der F/A-18A herangezogen. Später wurde die F/A-18A (BuNo. 161214) zur RF-18 umgebaut und startete am 15. August 1984 zum Erstflug. Ausgerüstet war die Maschine mit einer Fairchild-Weston KA-99 Panoramakamera und einem Honeywell AN/AAD-5 Linearabtastgerät. Zum Serienbau kam es nicht.

Endmontage in Australien

Für die F-18L gingen keine Bestellungen ein. Diese Version hatte keine einklappbaren Tragflächen, jedoch zwei zusätzliche externe

Waffenstationen und ein leichteres Fahrwerk für die Landung auf normalen Pisten.

Auch im Ausland fand die F/A-18A/B Hornet starkes Interesse. Bestellt wurde sie von Australien, Kanada und Spanien.

Die Royal Australian Air Force (RAAF) bestellte 1981 als Ersatz für die Mirage III0 57 F/A-18A und 18 F/A-18B. Die Endmontage der Maschinen erfolgte in Australien. Die Auslieferung erfolgte zwischen 1985 und 1990. Die F/A-18A wurden in der Zwischenzeit auf F/A-18C Standard gebracht. Von diesen Flugzeugen können AGM-85 und AGM-88 Lenkwaffen sowie lasergelenkte Paveway II Bomben eingesetzt werden.

Kanada war der erste ausländische Kunde, der die Hornet bestellte. Bei McDonnell Douglas wird das Flugzeug als CF-18A bzw. CF-18B bezeichnet, bei der kanadischen Luftwaffe als CF-188A/CF-188B. Die Bestellung umfaßte 138 Maschinen, 98 Einsitzer und 40 Doppelsitzer. Die Auslieferung erfolgte zwischen Oktober 1982 und September 1988. Die kanadischen Flugzeuge sind auf der linken Seite mit einem Suchscheinwerfer ausgerüstet, damit bei Nacht abgefangene Flugzeuge identifiziert werden können. Außerdem verfügen sie über ein neues ILS und können LAU-5003 Raketenbehälter mitführen.

In Spanien fiel die Entscheidung für die F/A-18 bereits 1982, die Bestellung wurde aber erst im Juni 1983 bestätigt. Die Bestellung lautete über 60 EF-18A und zwölf EF-18B. Bei der spanischen Luftwaffe führen sie die Bezeichnung C.15 und CE.15. Die Auslieferung begann 1986 und wurde 1990 abgeschlossen. Auch die spanischen EF-18A wurden modifiziert und entsprechen dem F/A-18C Standard.

Hersteller:	Boeing, USA
Verwendung:	Mehrzweckkampfflugzeug
Besatzung:	1
Triebwerk:	Zwei Mantelstromtriebwerke General Electric F404-GE-400 mit je 47,2 kN (4810 kp) Standschub und 70,3 kN (7167 kp) mit Nachbrenner

Abmessungen und Leistungen:

Länge:	17,07 m
Höhe:	4,66 m
Spannweite	
ohne Lenkflugkörper:	11,43 m
mit Lenkflugkörper:	12,31 m
Flügelfläche:	37,16 m^2
Rüstmasse:	10.455 kg
maximale Startmasse:	22.328 kg
max. Waffenlast:	7711 kg
interner Kraftstoffvorrat:	6140 Liter
Höchstgeschwindigkeit in	
12.190 m:	1912 km/h
Anfangssteiggeschwindigkeit:	228,6 m/sek
Dienstgipfelhöhe:	15.240 m
Einsatzradius	
bei Begleitschutzeinsätzen:	740 km
bei Kampfeinsätzen:	1065 km
Startstrecke:	427 m
Bewaffnung:	Eine sechsläufige 20-mm-Revolverkanone M61A1 Vulcan sowie AIM-9 Sidewinder und AIM-7 Sparrow Luft-Luft-Lenkwaffen, ein Aufhängepunkt unter dem Rumpf und vier unter den Flügeln sowie zwei Waffenstationen an den Flügelspitzen
Erstflug:	18. November 1978

Das Bugrad des ersten Prototyps des Doppelsitzers F/A-18F wird in das Dampfkatapult eingehängt.

Die Entwicklung der Super Hornet begann 1991, als die US Navy und das US Marine Corps einen Ersatz für das nicht realisierte Projekt A-12 Avenger suchte. Der Entwicklungsauftrag für das Flugzeug wurde im Juni 1992 an McDonnell Douglas vergeben.

Die F/A-18E/F ist eine in vielen Bereichen weiterentwickelte und leistungsgesteigerte Version der F/A-18C/D. Die Spannweite erhöhte sich von 11,43 m auf 12,76 m und die Flügelfläche von 37,16 m^2 auf 46,45 m^2

INFO ▸ Die F/A-18E ist nicht nur eine Weiterentwicklung sondern in vielen Bereichen eine komplette Neukonstuktion. Die Leistungen der F/A-18E konnten gegenüber der F/A-18C erheblich gesteigert werden. Bis jetzt fliegen nur die Prototypen und einige Vorserien-flugzeuge. Ab 2000 haben die aktiven Verbände der US Navy die ersten Super Hornet erhalten.

was den Anbau von zwei zusätzliche Außen-laststationen unter den Flächen erlaubte. Der Rumpf wurde um eine zusätzliche Sektion um 0,86 m verlängert. Als Werkstoff kommen verstärkt Verbundwerkstoffe zu Anwendung. Der Anteil der benötigten Einzelteile liegt um 30 Prozent niedriger als bei der F/A-18C/D. Dies wird unter anderem dadurch möglich, indem Metallteile aus dem Vollen herausgefräst werden. Die Lufteinläufe wurden rechteckig gestaltet, um den höheren Luftdurchsatz der neuen Triebwerke zu ermöglichen. Die gesamte Außenkontur des Flugzeuges wurde überarbeitet, so daß sich eine möglichst geringe Radarsignatur ergibt. Insgesamt wurde die F/A-18E/F rund 25 Prozent größer als ihr Vorgängermuster. Die Kraftstoffkapazität konnte um rund 30 Prozent gesteigert werden.

Als Antrieb wurde das Mantelstromtriebwerk F-414-GE-400 von General Electric ausgewählt. Es hat mit Nachbrenner eine Leistung von 97,86 kN. Das sind 35 Prozent mehr als beim F-404-GE-402 der F/A-18C/D. Daraus ergeben sich wesentlich bessere Flugleistungen. Das gesamte Triebwerk ist auf eine Lebensdauer von 4000 Stunden ausgelegt, das Kerntriebwerk auf 2000 Stunden.

Hohes Landegewicht

Die Avionik und die Cockpitausrüstung unterscheiden sich nur geringfügig von der F/A-18C/D. Auch das Radargerät AN/APG-73 von Hughes wird weiterhin verwendet.

Gegenüber der F/A-18C/D kann die Super Hornet eine dreimal so hohe Nutzlast mit zurückbringen. Mit 1815 kg Reservekraftstoff kann die F/A-18E/F noch mit 2270 kg an Außenlasten wieder auf einem Flugzeugträger landen. Damit entfällt die Notwendigkeit, nicht benutzte teure Präzisionswaffen vor der Landung abzuwerfen. Möglich wurde dies durch die gute Handhabung des Flugzeugs und die niedrigere Anfluggeschwindigkeit. Die Super Hornet wird hauptsächlich die heutigen Aufgaben der F/A-18C/D übernehmen. Zusätzliche Aufgaben, die durch die höhere Leistung möglich werden, sind der Abfangjägereinsatz zum Schutz der Flugzeugträgergruppe, Präzisionsangriffe bei Tag und Nacht als Jagdbomber, Aufklärungseinsätze, die Unterdrückung der gegnerischen Luftverteidigung, die Gefechtsfeldunterstützung eigener oder verbündeter Bodentruppen und Forward Air Control (fliegender Gefechtsstand).

Für die Flugerprobung wurden sieben Prototypen gebaut, fünf Ein- und zwei Doppelsitzer. Der erste flog am 29. November 1995 und der siebte am 1. Februar 1997. Außerdem wurden drei Bruchzellen gebaut.

Für das Entwicklungs- und Erprobungsprogramm wurden siebeneinhalb Jahre angesetzt. Die Flugerprobung findet beim Naval Air Warfare Center in NAS Patuxent River in Maryland statt. Je fünf Testpiloten von McDonnell Douglas und der US Navy sind in das Programm einbezogen.

Die F/A-18F „F1" hat auf dem Deck des Flugzeugträgers aufgesetzt und der Fanghaken hat in einem der Seile eingehängt.

Die R/A-18F schleppt 8 Tonnen Außenlast

Die F/A-18E (E-1) diente der Ermittlung des Flugbereichs und für Flatterversuche, die F/A-18E (E-2) wird für die Triebwerkserprobung und Ermittlung der Leistungsdaten eingesetzt. Sie absolvierte ihren Erstflug am 26. Dezember 1995. Als nächste Maschine flog der erste Doppelsitzer F/A-18F (F-1) am 1. April 1996. Mit ihm werden die Erprobung auf See und Versuche für den Flugzeugträgereinsatz durchgeführt, außerdem dient sie für die Waffenerprobung. Mit der F/A-18E (E-4), die am 2. Juli 1996 zum Jungfernflug startete werden Flüge mit hohen Anstellwinkeln und Trudelversuche durchgeführt. Sie verfügt über einen Stabilisierungsfallschirm, der auf dem Rumpfrücken montiert ist. Für die Abwurfprobung der Außenlasten kommt die F/A-18E (E5) zum Einsatz. Dabei müssen an den elf Aufhängungspunkten rund 30 verschiedene Bewaffnungskombinationen erprobt werden. Die E5 flog zum ersten Mal am 27. August 1996. Ebenfalls für die Waffenerprobung sowie für Avionikversuche wurde die F/A-18F (F-2), die ihren Erst-

flug am 11. Oktober 1996 absolvierte, verwendet. Als letzter Prototyp startete die F/A-18E (E-3) am 1. Februar 1997 zu ihrem Erstflug. Sie wird für Lasttests der Struktur eingesetzt.

Erster Katapultstart

Die ersten Tests mit der F/A-18F (F1) Super Hornet an Bord des Flugzeugträgers CVN-74 USS „John C. Stennis" erfolgten ab dem 18. Januar 1997. Sechs Tage dauerte die Erprobung an Bord. Beim Überführungsflug von NAS Patuxent River zur „John C. Stennis" wurde die Maschine von Lt. Frank Morley geflogen. Am selben Tag noch absolvierte Cdr. Tom Gurney den ersten Katapultstart. Insgesamt wurden an diesem Tag noch sechs weitere Starts und Landungen durchgeführt. Bei diesen Flügen wurden nur zwei AIM-9-Sidewinder an den Flügelspitzen mitgeführt. Insgesamt wurden bis zum 23. Januar 64 Starts und Landungen sowie weitere 54 Durchstartmanöver durchgeführt.
Bei 390 Flügen bis zum 1. Februar 1997 absolvierten die sieben Prototypen 630 Flugstunden wobei eine Höchstgeschwindigkeit von Mach 1,54 und eine Höhe von 15.090 m erreicht wurde. Bis zum 31. Oktober 1998 waren es über 3700 Flugstunden.
Die Tests mit den drei Bruchzellen fanden bei Boeing in St. Louis statt. Mit der ersten Zelle (ST-50) wurden statische Tests durchgeführt, mit der zweiten (DT-50) Falltests und mit der dritten (FT-50) Ermüdungstests.
Dave Desmond startete am 9. November 1998 mit der ersten F/A-18E aus der Vorserie in St. Louis zum Erstflug. Zunächst sollen drei

F/A-18E und vier F/A-18F aus der Produktion an die US Navy übergeben werden. Die Einsatzerprobung begann im Mai 1999, wobei ungefähr 800 Flüge durchgeführt werden.

Die neue Hornet soll nach dem Jahr 2000 das Rückgrat der fliegenden Verbände der US Navy und des US Marine Corps bilden. Die ersten beiden Einheiten, die auf die Super-Hornet umrüsten werden, sind die VFA-131 „Wildcats" und die VMFA-142 „Ghostriders" in NAS Cecil Field in Florida. Beide Staffeln sollen bis zum Jahr 2001 einsatzbereit sein. Zur Zeit hat Boeing Aufträge für 62 Super Hornets in drei Fertigungslosen vorliegen. Geplant ist, bis zum Jahr 2015 ungefähr 700 Einsitzer F/A-18E und 300 Doppelsitzer F/A-18F zu beschaffen. Die Fertigungsrate für die Super Hornet liegt zunächst bei zwölf Flugzeugen pro Jahr, soll aber später auf 36 Flugzeuge hochgefahren werden.

Weiterentwicklung

Zwei weitere Versionen sind bereits in der Planung. Northrop Grumman führt auf eigene Kosten Untersuchungen über die Verwendung der F/A-18F als Ersatz für die EA-6B Prowler im Bereich der elektronischen Kampfführung durch. Die Maschine wird zur Zeit als F/A-18C2W (Electronic Command and Control Warfare) bezeichnet.

Bei der zweiten Variante handelt es sich um die KF/A-18E/F, welche mit fünf 1817-Liter-Zusatztanks als Tankflugzeug eingesetzt werden soll. Ob es zu einer Bestellung einer der beiden Versionen kommt, bleibt abzuwarten.

Hersteller:	Boeing USA
Verwendung:	Mehrzweckkampf- und Elektronikflugzeug
Besatzung:	2
Triebwerk:	Zwei Mantelstromtriebwerke General Electric F414-GE-400 mit je 97,86 kN (9978 kp) Standschub mit Nachbrenner

Abmessungen und Leistungen:

Länge:	18,40 m
Höhe:	4,88 m
Spannweite	
ohne Lenkflugkörper:	12,76 m
mit Lenkflugkörper:	13,70 m
Spannweite gefaltet:	9,32 m
Flügelfläche:	46,45 m²
Rüstmasse:	13.880 kg
normale Startmasse:	23.541 kg
maximale Startmasse:	25.401 kg
interner Kraftstoffvorrat:	6531 kg
externer Kraftstoffvorrat in drei	
1818 Liter Zusatztanks:	4436 kg
max. Waffenlast:	8051 kg
Höchstgeschwindigkeit mit	
vier Luft-Luft-Lenkwaffen in	
12.150 m:	1915 km/h
Anfangssteiggeschwindigkeit:	304,6 m/sek
Dienstgipfelhöhe:	15.240 m
Einsatzradius mit je zwei	
AIM-9 und AIM-120:	760 km
Einsatzradius mit zwei	
900 kg Bomben:	1265 km
Bewaffnung: Eine sechsläufige 20-mm-Revolverkanone M61A1 Vulcan sowie AIM-9 Sidewinder und AIM-120 AMRAAM Luft-Luft-Lenkwaffen, sowie weitere Waffen für den Erdkampfeinsatz.	
Erstflug:	29. November 1995

British Aerospace Harrier

Harrier GR.Mk 7 der 3 Squadron in hellgrauem Sichtschutzanstrich.

Beim Harrier handelt es sich um den ersten Senkrechtstarter, der in den Truppendienst übernommen wurde. Er wurde aus dem Versuchsflugzeugen Hawker P.1127 und Hawker Kestrel entwickelt. Das erste Vorserienflugzeug flog am 31. August 1966, die erste Maschine aus der Serienfertigung, die Harrier GR.Mk.1, absolvierte ihren Erstflug am 28. Dezember 1967. Der Truppendienst wurde bei der No. 233 OCU in Wittering am 1. April 1969 aufgenommen. Weiterentwicklungen waren der Harrier GR.Mk.1A mit einem Pegasus Mk.102- Trieb-

werk, das einen Standschub von 91,2 kN lieferte, und der Harrier GR.Mk.3 mit einem Pegasus Mk.103 mit einen Standschub von 95,6 kN. Insgesamt standen bei der RAF 61 Harrier Mk.1, 17 Mk.1A und 40 Mk.3 im Einsatz. Ab 1976 wurden die Harrier GR.Mk.3 mit einem Laser-Entfernungsmesser und einem Radarwarn-Empfänger ausgerüstet. Einige Maschinen der No.4 Squadron konnten auch mit Aufklärungsbehältern ausgerüstet werden. 1982 beteiligten sich 14 Harrier GR.Mk.3 am Einsatz auf den Falkland-Inseln. Diese Maschinen konnten an den beiden äußeren Flügelstationen AIM-9L Sidewinder Luft-Luft-Lenkwaffen mitführen. Außerdem wurden AN/ALE-40 chaff/flare Werfer eingebaut.

Ende Dezember 1968 entschieden sich die USA für den Kauf von zunächst zwölf Harrier. Äußerlich unterschieden sich die AV-8A, wie sie bei der amerikanischen Marine bezeichnet wurden, durch eine große VHF-Antenne auf dem Rumpf über der Tragfläche. Das Cockpit, die Avionik, Elektronik und die Möglichkeit der mitzuführenden Waffen wurden den amerikanischen

INFO ▸ Der Harrier ist das erste senkrechtstartende Flugzeug, das Einsatzreife erreichte. Nach der Erprobung in einer Staffel, die mit Piloten aus drei Nationen aufgestellt wurde, entschieden sich zunächst nur England und die USA für die Beschaffung des Flugzeugs. Für die Ausbildung wird eine zweisitzige Version gebaut.

Wünschen angepaßt. Später kam auch noch der amerikanische Stencel S.III-Schleudersitz zum Einbau. Die AV-8A absolvierte ihren Erstflug am 20. November 1970. Als erste Einheit des USMC erhielt im April 1971 die VMA-513 die AV-8A. Insgesamt übernahm das Marine Corps 102 AV-8A und acht TAV-8A Trainer. Alle Maschinen wurden bei Hawker gebaut. Ab 1979 wurden 47 Maschinen zu AV-8C modifiziert.

Trainer-Version

Von der Trainerversion Harrier T.Mk.2 wurden zwei Prototypen gebaut, von denen der erste am 24. April 1969 zu seinem Jungfernflug startete. Der vordere Bereich des Rumpfes wurde um 1,19 m verlängert und, um Platz für den zweiten Sitz zu schaffen, wurde ein Teil der Avionik versetzt und die dort eingebaute Kamera entfiel. Das Seitenleitwerk wurde vergrößert und nach hinten

versetzt. Für die RAF wurden 23 Maschinen gebaut und für die Royal Navy vier. Wie die Einsatzflugzeuge wurden auch die Trainer mit neuen Treibwerken versehen, so daß sich die Bezeichnungen in T.Mk.2A und T.Mk.4 änderten.

Auch Spanien interessierte sich für den Harrier. 1972 erfolgte eine Vorführung auf dem Flugzeugträger Dédalo. Auf Grund des damaligen Waffenembargos gegen Spanien konnte Großbritannien die Flugzeuge jedoch nicht liefern. Zunächst wurden 1975 sechs AV-8A(S) und zwei TAV-8A(S) in die USA geliefert, wo sie bei McDonnell endmontiert und nach der Umschulung der Piloten im Dezember 1976 nach Rota in Spanien überführt wurden. 1977 bestellte Spanien weitere fünf AV-8A(S) bei Hawker Siddeley, die 1980 direkt von Großbritannien aus überführt wurden.

1987 wurden die Flugzeuge in England modifiziert und erhielten danach die Bezeichnung EAV-8B Matador II.

Harrier GR.Mk 7 beim scharfen Schuß.

Bei dieser Harrier GR.Mk 3 wurde das ganze Seitenleitwerk in den Farben der 4 Squadron bemalt.

1980 gab die RAF eine neue Spezifikation für eine verbesserte Version des Harriers heraus. Zuerst wurde geplant, 40 GR.Mk.3 mit neuen Tragflächen auszurüsten und 60 neue Flugzeuge mit der Bezeichnung Harrier GR.Mk.5 zu bauen. Dieses Projekt hatte auch die Bezeichnung Big Wing Harrier.

Lizenz in USA

Im Juli 1981 wurde die Beschaffung von 62 Maschinen des Harrier II beschlossen. Daraufhin schloß British Aerospace einen neuen Kooperationsvertrag mit McDonnell-Douglas ab.

Die Vorserienmaschine des Harrier GR.Mk.5 (ZD318) flog am 30. April 1985 in Dunsfold. Ein Teil der amerikanischen Ausrüstung wurde durch britische Geräte ersetzt. Durch die dadurch notwendigen Entwicklungen ergab sich bei diesem Programm eine Verzögerung von zwei Jahren. Ferner verfügt die GR.5 gegenüber der AV-8B über zwei zusätzliche Unterflügelstationen und einen Martin-Baker Mk.12 Schleudersitz. Der Frontbereich wie Bug, Cockpitverglasung, Lufteinlauf und Flügelvorderkanten wurden zum Schutz gegen Vogelschlag verstärkt.

Nach der Erprobung der beiden Vorserienmaschinen wurde das erste Serienlugzeug (ZD323) am 29. Mai 1987 für die Umschulung des Bodenpersonals nach RAF Wittering geliefert. Im Oktober 1988 übernahm die No. 1. Squadron in Wittering als erste Einsatzstaffel die Harrier GR.5. Die Umrüstung war Ende März 1989 mit der Übergabe der letzten Harrier GR.Mk.3 an die 233.OCU abgeschlossen und die Staffel meldete sich im November 1989 einsatzklar. Im März 1989 erhielt die in Gütersloh stationierte No. 3 Squadron ihre ersten GR.Mk.5. Sie war im April 1990 einsatzklar. 1991 begann dann die Umrüstung der No. 4 Squadron.

Am 2. April 1988 wurden weitere 34 Flugzeuge bestellt, die aber als Harrier GR.Mk.7 ausgeliefert wurden. Somit erhöhte sich die Bestellung auf 94 Flugzeuge plus der beiden Vorserienmaschinen. Die ersten 41 Maschinen wurden als GR.Mk.5 gebaut. Nach ihrer Auslieferung erhielten die restlichen 19 Flugzeuge bereits die Avionik der Harrier GR.Mk.7.

Diese mit Harrier GR.Mk.5A bezeichneten Flugzeuge gingen aber nicht in den Truppendienst, sondern wurden eingelagert. Sie wurden ab den 20. Dezember 1990, wie auch die GR.Mk5, zu GR.Mk.7 umgebaut.

Die Harrier GR.Mk.7 unterscheidet sich von der GR.Mk5 durch die verbesserte Ausrüstung, die Nacht- und Schlechtwettereinsätze ermöglicht. Ansonsten sind die beiden Versionen weitgehend identisch. Die Harrier GR.Mk.7, eine umgebaute GR.Mk5 nahm die Flugerprobung am 20. November 1989 auf. Das erste aus der Serienfertigung kommende Flugzeug wurde im Mai 1990 ausgeliefert. Ab August 1990 erhielt die Strike Attack OEU in Boscombe Down die ersten Maschinen für die Einsatzprobung. Normalerweise verfügt die GR.Mk.7 nicht über die Möglichkeit, Aufklärungseinsätze zu fliegen. Für Aufklärungseinsätze über dem nördlichen Irak wurden jedoch bei neun Maschinen zusätzliche Kabel verlegt, damit diese die alten Aufklärungsbehälter der GR.Mk.3 einsetzen können. Acht dieser Maschinen verlegten erstmals am 2. April 1993 in die Türkei, um die dort eingesetzten Jaguars abzulösen.

Trainer-Version

Zuerst war geplant, keine Trainer der AV-8B zu beschaffen, sondern eine Anzahl der T.Mk.4 mit Nachtflugelektronik und Infrarotsensoren zu Harrier T.Mk.6 umrüsten. Da die Zellen der T.Mk.4 jedoch abgeflogen waren, wurden 13 neue Flugzeuge mit der Bezeichnung T.Mk.10 für die Einsatzschulung bestellt. Die erste mit Pegasus 105 ausgerüstet Maschine flog am 7. April 1994. Die T.Mk.10 sind mit nach vorne wirkenden Infrarot- und Nachtsichtgeräten ausgerüstet.

Hersteller:	British Aerospace Großbritannien
Verwendung:	V/STOL Erdkampfflugzeug und taktischer Aufklärer
Besatzung:	1
Triebwerk:	Ein Mantelstromtriebwerk mit Schwenkdüsen Rolls- Royce Pegasus Mk.105 mit 96,7 kN (9866 kp) Standschub

Abmessungen und Leistungen:	
Länge:	14,12 m
Höhe:	3,55 m
Spannweite:	9,24 m
Flügelfläche:	22,18 m2
Rüstmasse:	6350 kg
Startmasse ohne Außenlasten:	9600 kg
maximale Startmasse für Senkrechtstart:	8595 kg
maximale Startmasse für Kurzstart:	14.061 kg
Höchstgeschwindigkeit auf Meereshöhe ohne Außenlasten:	1065 km/h
Höchstgeschwindigkeit in 10.970 m Höhe:	966 km/h
Einsatzradius mit zwölf Mk.82 Bomben (Einsatzprofil hoch-tief-hoch):	167 km
Einsatzradius mit sieben Mk.82 Bomben und zwei 1136 Liter Zusatztanks:	889 km
Überführungsreichweite mit vier 1136 Liter Zusatztanks:	3243 km
Bewaffnung: Zwei 25-mm Kanonen in einem Behälter unter dem Rumpf. Maximale Waffenzuladung 4173 kg bestehend aus bis zu 16 Mk.82 oder sechs Mk.83 Bomben, sechs BL-755 Bombenbehälter, vier Maverick Luft-Boden-Lenkwaffen oder zehn Lenkwaffenbehälter an sechs Flügelstationen	
Erstflug:	29. November 1989

Sea Harrier F/A.2 kurz nach dem Start.

Obwohl der Einsatz der P.1127, Kestrel und Harrier mehrmals erfolgreich auf dem britischen Flugzeugträger HMS Ark Royal vorgeführt wurde, zeigte die Royal Navy wenig Interesse, diese Flugzeuge einzuführen. Erst als fest stand, daß die HMS Ark Royal 1979 außer Dienst gestellt wird und damit die bisher eingesetzten Flugzeu-

> **INFO ▶ Nach langem Zögern entschloß sich auch die Royal Navy 1975 die Marineausführung des Harrier zu beschaffen. England setzte den Sea Harrier mit Erfolg im Falklandkrieg ein, wo das Flugzeug seine vielseitigen Möglichkeiten unter Beweis stellte.**

ge nur noch von festen Stützpunkten aus starten konnten, änderte sich die Einstellung der Royal Navy. Die RN forderte nun eine modifizierte Version des Harrier GR.Mk.3, die nach entsprechenden Modifikationen von Schiffen der Invincible-Klasse (20.000 Tonnen Hubschrauberträger) aus eingesetzt werden konnten. Die aufwendigsten Umbauarbeiten an den Schiffen betrafen den Einbau einer Sprungrampe (Ski-Jump) für den Kurzstart. Diese wurde für die neue Starttechnik benötigt. Diese Starttechnik wurde seit 1972 entwickelt. Die erste Versuchsrampe wurde im Juli 1977 fertiggestellt. Der Anstellwinkel konnte von sechs bis 20 Grad variabel eingestellt werden. Bei einem Winkel von 15 Grad konnte bei gleicher Nutzlast die Startstrecke um 65 Prozent verkürzt werden oder aber bei gleicher Startstrecke die Nutzlast um 30 Prozent erhöht werden. Entsprechende Versuche wurden im August 1977 mit einem einsitzigen Harrier und einem Trainer mit mehr als siebzig Starts auf dem RAF-Stützpunkt Bedford erfolgreich durchgeführt. Auf Grund der erfolgreichen Versuche wurden die Träger HMS Invincible und HMS Illustrious mit sieben, die HMS Ark Royal und HMS Hermes mit zwölf Sea Harriern ausgerüstet.

Hohe Baugleichheit

Zunächst erfolgte Mai 1975 eine Bestellung von 24 Sea Harrier FRS.Mk.1 und einer Harrier T.Mk.4A für die Ausbildung. Wie schon die Bezeichnung FRS aussagt, sollten die neuen Flugzeuge als Jäger, Aufklärer und Jagdbomber eingesetzt werden. Eine Bestellung über weitere zehn FRS.Mk.1 erfolgte im Mai 1978.

Die Sea Harrier ist zu 90 Prozent baugleich mit der Harrier GR.Mk.3. Äußerlich ist sie jedoch leicht am neuen Vorderrumpf zu

erkennen, der den neuen Einsatzbedingen angepaßt wurde. Das Seitenleitwerk wurde um 10 cm erhöht, die Höhenflosse verstärkt und der Ausschlag der Höhenflossen um zwei Grad erhöht.

Korrosionsschutz

Die Sea Harrier verfügt über ein Ferranti Blue Fox Radar und ist außerdem mit dem kombinierten Doppler-Trägheitsnavigationssystem HARS FIN1040 (Heading Attitude and Reference System) von Ferranti mit Digitalrechner (Decca 72) sowie einem Radar-Höhenmesser ausgerüstet. Das Cockpit wurde um 25 cm vergrößert und mit einem Martin-Baker Mk.10 Schleudersitz ausgerüstet. Angetrieben wurde die FRS.Mk.1 von einem Pegasus Mk.104-Triebwerk mit einem Standschub von 96,3 kN. Die Zwischenverkleidungen der Turbine wurden aus rostfreiem Material gefertigt und die Leistung der Steuerdüsen erhöht. Da die Flugzeuge durch das Salzwasser einer verstärkten Korro-

Die Sea Harrier des Staffelkapitäns der 801 Squadron der Royal Navy wird für den nächsten Einsatz vorbereitet.

Eine weitere Sea Harrier wird gerade an Deck gebracht.

siongefahr ausgesetzt waren, wurden die aus Magnesium hergestellten Teile durch Aluminiumteile ersetzt. Aus finanziellen Gründen wurde auf die Entwicklung einer zweisitzigen Version des Sea Harrier verzichtet und dafür Trainer, wie sie bei der RAF im Einsatz standen, beschafft.

Bereits am 20. August 1978 erfolgte der Jungfernflug des Sea Harrier FRS.Mk.1 (XZ450). Am 18. Juni 1979 erhielt die No. 700A Squadron in Yeovilton als Erprobungseinheit die ersten Sea Harrier. Am 31. März 1980 wurde die Staffel in No. 899 Squadron umbenannt. Am gleichen Tag wurde auf der HMS Invincible No. 800 Sqn mit vier Sea Harrier aufgestellt.

Export nach Indien

Als zweiter Betreiber bestellte die indische Marine im Dezember 1979 sechs Sea Harrier FRS Mk.51 und zwei Sea Harrier FRS Mk.60 Doppelsitzer für das Training. Die Auslieferungen begannen am 27. Januar 1983. Ein Nachfolgeauftrag über zehn FRS Mk.51 und eine FRS Mk.60 folgte im November 1985. Ein Jahr später, im Oktober 1986, wurden nochmals sieben FRS Mk.51 und eine FRS Mk.60 bestellt. Die Maschinen kommen bei der INAS 300 und INAS 551 auf den Flugzeugträgern INS Vikrant und INS Viraat (ex HMS Hermes) zum Einsatz. Die FRS.51 der indischen Marine verfügen neben den beiden 30-mm-Aden Kanonenbehältern über die Matra R.550 Magic Luft-Luft-Lenkwaffe.

Während des Falklandkrieges (Operation Corporate) wurden die No. 800 Sqn, die No. 801 Sqn und die eilig aufgestellte No. 809 Sqn mit insgesamt 28 Sea Harrier eingesetzt. Als Träger standen die HMS Invincible und HMS Hermes im Einsatz. Zusammen mit 14 Harrier GR.Mk.3 der No. 1.Sqn wurden 2376 Einsätze geflogen. Die Piloten der drei Staffeln erzielten 22 bestätigte und drei unbestätigte Luftsiege, wobei sechs eigene Flugzeuge verloren gingen. Zwei Sea Harrier gingen im Einsatz verloren, einer durch Handfeuerwaffenbeschuß und einer nach einem Treffer durch eine Roland Luft-Boden-

Rakete. Vier Verluste waren auf Unfälle zurückzuführen.

Die Erfolge waren größtenteils darauf zurückzuführen, daß die Sea Harrier zu Beginn des Konflikts noch modifiziert wurden und vier AIM-9L Sidewinder Luft-Luft Raketen mitführen konnten. Außerdem wurde die Erhöhung der Flugdauer durch die Montage größerer Abwurftanks erreicht.

1983 bestellte die Royal Navy als Ersatz für abgestürzte und zur Verstärkung der Flotte 14 Sea Harrier FRS.Mk.1, weitere neun und drei Harrier T.Mk.4(N) wurden 1984 bestellt. Somit verfügte die RN über 57 Sea Harrier FRS.Mk.1 und vier Harrier T.Mk.4(N).

Im Januar 1985 wurde British Aerospace damit beauftragt, ein Programm zur Modernisierung der Sea Harrier vorzulegen. Hauptsächlich wurde die Avionik verneuert und das Cockpit komplett überarbeitet. Wichtigste Änderung war die Ausrüstung mit dem Ferranti Blue Vixen Radar, was an dem neu gestalteten Rumpfbug erkennbar ist. Dadurch kann die FRS.Mk.2 mehrere Ziele außerhalb der Sichtweite des Piloten gleichzeitig bekämpfen. Das Rumpfheck wurde um 35 cm verlängert.

Die neue Version wurde als Sea Harrier FRS.Mk.2 bezeichnet. Sie absolvierte am 19. September 1988 (XZ439) ihren Erstflug. Am 7. Dezember 1988 wurde der Vertrag über die Umrüstung von 31 FRS.Mk.1 auf den FRS.Mk.2-Standard abgeschlossen. Die Bestellung von zehn neuen FRS.Mk.2 erfolgte am 6. März 1990 und im Januar 1994 wurden nochmals 18 neue FRS.Mk.2 bestellt und der Umbau weitere fünf FRS.Mk.1 beschlossen. Seit 1995 werden die FRS.Mk.2 als Sea Harrier F/A.2 bezeichnet.

Hersteller:	British Aerospace Großbritannien
Verwendung:	V/STOL Marinekampfflugzeug
Besatzung:	1
Triebwerk:	Ein Mantelstromtriebwerk mit Schwenkdüsen Rolls-Royce Pegasus Mk.106 mit 95,7 kN (9760 kp) Standschub

Abmessungen und Leistungen:

Länge:	14,17 m
Höhe:	3,71 m
Spannweite:	7,70 m
Flügelfläche:	18,68 m2
Rüstmasse:	6577 kg
maximale Startmasse:	12.020 kg
Höchstgeschwindigkeit auf Meereshöhe:	1160 km/h
Höchstgeschwindigkeit in 10.975 m Höhe:	977 km/h
Marschgeschwindigkeit in 300 m Höhe:	835 km/h
Dienstgipfelhöhe:	15.600 m
Einsatzradius mit drei Minuten Luftkampf:	750 km
Einsatzradius mit Erdkampfausrüstung:	370 km

Bewaffnung: Zwei 25-mm oder 30-mm Kanonen in einem Behälter unter dem Rumpf. AIM-120 AMRAMM Luft-Luft-Lenkwaffen unter dem Rumpf. An vier Flügelstationen können weitere AIM-120, AIM-9L, Alarm- oder Sea Eagle-Lenkwaffen sowie 453,6 kg Bomben und Matra 115/116 68-mm Raketenwerfer mitgeführt werden

Erstflug:	19. September 1988

Hawk 100 der Luftwaffe von Abu Dhabi im Einsatz für das Lead-in-Fighter-Training und die Ausbildung der Navigatoren und Waffensystem-Offiziere.

Bereits 1964 machte sich die Royal Air Force Gedanken über ein neues Schulflugzeug, das die Hawker Siddeley Gnat T.Mk.1, BAe Jet Provost T.Mk.5 und Hawker Hunter T.Mk.7/8 ersetzen sollte. Im Oktober 1970 veröffentlichte das Ministry of Defence (MoD) ein Pflichtenheft, in dem Forderungen für das neue Schulflugzeug festgehalten waren. An der Ausschreibung beteiligte sich außer British Aircraft Corporation (BAC) mit der P.59 auch Hawker Siddeley, wo bereits seit 1968 an einem Entwurf für ein Schulflugzeug mit einem Rolls-Royce Viper Strahltriebwerk unter der Projektbezeichnung P.1182 (später HS.1182) gearbeitet wurde. Die Entscheidung fiel im Oktober 1971 zu Gunsten der HS.1182.

Metrisches Maßsystem

Im Verlauf der Entwicklung entschied man sich für den Einbau des Rolls-Royce/Turboméca Adour Mk.151 Mantelstromtriebwerks, wie es auch in der SEPECAT/BAe Jaguar eingesetzt wird. Die Hawk ist das erste britische Flugzeug, das nach dem metrischen Maßsystem konstruiert wurde.

Die Hawk ist ein freitragender Tiefdecker, der in Ganzmetallhalbschalen-Bauweise hergestellt ist.

Das Tandem-Cockpit ist in der Höhe versetzt und mit Martin-Baker Mk.10B Zero-Zero Schleudersitz ausgerüstet. Für die Besatzung ist eine Doppelsteuerung vorhanden. Die einteilige Cockpithaube ist seitlich nach

> **INFO ▶** Die Hawk wurde als Nachfolgemodell der BAC Jet Provost und Hawker Siddeley Gnat für die Fortgeschrittenenausbildung bei der RAF entwickelt. Auch das englische Kunstflugteam, die Red Arrows, fliegen die Hawk. Einige Länder setzten die Hawk auch für Erdkampfaufgaben ein.

rechts aufklappbar. In die Verglasung ist eine Sprengschnur (Miniature Detonating Cord) eingebaut, die automatisch zündet, bevor die Schleudersitze herausgeschossen werden.

Auf der t/4-Linie ist der Tragflügel um 21,5 Grad gepfeilt. Im Wurzelbereich weist er ein Dickenverhältnis von 10,9 Prozent auf, das sich bei den Randkappen auf 9 Prozent verjüngt. Die Tragflügel sind aus einem Stück gefertigt, haben einen zweiholmigen Torsionskasten und verfügen über Integraltanks mit einem Fassungsvermögen von 836 Liter Treibstoff. Die Doppelschlitzklappen und Querruder werden hydraulisch betätigt.

Für das Waffentraining und Erdkampfeinsätze steht ein Behälter mit einer 30 mm Aden-Kanone zur Verfügung, der als Rüstsatz an der zentralen Rumpfstation mitgeführt werden kann. An fünf Außenstationen

kann die Hawk bis zu 2270 kg mitführen. Die Hauptstruktur ist auf eine Einsatzdauer von 6000 Stunden unter von der RAF genau festgelegten Bedingungen ausgelegt.

Auftrag der RAF

Anstelle eines Prototypen wurde nur ein Vorserienflugzeug gebaut. Diese Maschine (XX154) hatte am 12. August 1974 in Dunsfold ihren Roll-out. Sie absolvierte ihren 53-minütigen Erstflug am 21. August 1971 unter der Führung von Duncan M. Simpson. Im März 1972 bestellte die RAF 175 Hawk T.Mk1. Die ersten fünf Hawk T.Mk.1 aus der Serie wurden für die Flugerprobung abgestellt. Die beiden ersten Serienflugzeuge flogen am 19. Mai 1975 und am 22. April 1975 erstmals. Die zweite Hawk (XX156) erhielt Royal Air Force-Anstrich. Sie diente für die Trope-

Die Hawk Mk 203 wird von den Luftstreitkräften des Oman als leichtes Erdkampfflugzeug eingesetzt.

Bei der Schweizer Luftwaffe wird die Hawk zur Schulung und zum Waffentraining eingesetzt.

nerprobung und unternahm in diesem Zusammenhang im mittleren Osten im Juni 1975 eine Demonstrationstour, wobei sie auch in Ägypten vorgeführt wurde.

Während der Erprobung kam es zu einigen Änderungen und Verbesserungen an der Zelle. Zur Verbesserung des Überziehverhaltens wurden an denTragflächen Grenzschichtzäune angebracht, die beiden Lufteinläufe weiter nach unten verlegt und das Pendel-Höhenruder mit einer negativen V-Stellung von 19 Grad versehen.

Zwei Hawk T.Mk.1 (XX159 und XX160) wurden beim Aircraft & Armament Experimental Establishment (A&AEE) in Boscombe Down unter Einsatzbedingungen getestet und dienten für die Musterzulassung. Anfang 1976 befanden sich insgesamt sechs Hawks in der Mustererprobung. Als Ausgangsmuster für die Exportversionen und als Demonstrator von BAe diente die achte Maschine (XX162), die allerdings mit dem zivilen Kennzeichen G-HAWK vorgeführt wird.

Im November 1976 konnten die ersten vier Einsatzmaschinen an die No. 4 FTS in RAF Valley ausgeliefert werden.

Sidewinder-Bewaffnung

Um die Hawk in ihrer Rolle als Waffentrainer aufzuwerten, wurden 88 Flugzeug zwischen Januar 1983 und Mai 1986 modifiziert. Diese Maschinen können nun an Aufhängepunkten unter den Tragflächen zwei AIM-9L Sidewinder mitführen. Die neue Bezeichnung lautet Hawk T.Mk.1A. Als Zweitrolle sollen sie in der Heimatluftverteidigung Objektschutzeinsätze fliegen.

Die Hawk 100 ist eine weiterentwickelte Variante des Basis- und Fortgeschrittenentrainers für den Export. Eine umgebaute Versuchsmaschine der Hawk 100 flog erstmals im Oktober 1987 und die erste Vorserienmaschine folgte am 29. Februar 1992. Neueste Variante ist die mit Lead-in-Fighter-Trainer (LIFT) bezeichnete Ausführung, die besonders im Bereich der Avionik erhebliche Verbesserungen aufweist. Dazu gehören drei Flachbildschirme, Head-Up-Display, Nachtsichtgeräte, GPS und ein MIL-STD-1553B-Datenbus. Die Zelle wurde verstärkt, das Bugrad steuerbar ausgelegt und eine Starthilfsturbine eingebaut.

Von der LIFT-Version bestellte die RAAF (Royal Australian Air Force) 33 Hawk 100. Die ersten Maschinen wurden ab Mitte 1999 ausgeliefert und eine Staffel mit zwölf Hawks war im Januar 2000 einsatzbereit. Zwölf Maschinen werden direkt von BAe geliefert, die restlichen bei Hunter Aerospace in Newcastle endmontiert. Damit die Piloten ohne Probleme auf die F/A-18 Hornet und die F-111 der RAAF umsteigen können, wird das Cockpit zwei farbigen Multifunktionsdisplays für Navigation, Flugführung, Systemstatus und Waffenstatus ausgerüstet und das Head-Up-Display mit zusätzliche Betriebsarten aufgewertet.

Die Hawk 200 ist ein einsitziges leichtes Erdkampfflugzeug, mit dessen Bau British Aerospace 1985 begann. Der Prototyp flog zum ersten Mal am 19. Mai 1986. Er stürzte bereits am 2. Juli 1986 ab. Abgesehen vom Cockpit ist sie mit der Hawk Mk.60 Version identisch. 80 Prozent aller Bauteile der Hawk 100 und 200 sind identisch. Zur Ausrüstung gehören eine Inertial-Navigationsanlage, ein Laser-Entfernungsmesser, ein computergesteuertes Feuerleitgerät, ein Infrarotsystem und ein Ferranti Blue- Fox-Radar. Als fest eingebaute Bewaffnung verfügt die Hawk 200 über zwei 30 mm Aden Kanonen. Ein Vorführflugzeug, das mit einem Westinghouse APG-66H Mehrzweckradar ausgerüstet ist, fliegt seit dem 13. Februar 1992.

Hersteller:	British Aerospace Großbritanien
Verwendung:	Schulflugzeug und taktisches Mehrzweck-Kampfflugzeug
Besatzung:	2
Triebwerk:	Ein Mantelstromtriebwerk Rolls-Royce/Turbomeca Adour Mk 861 mit 25,4 kN (2586 kp) Standschub
Abmessungen und Leistungen:	
Länge (ohne Staurohr):	11,17 m
Höhe:	3,99 m
Spannweite:	9,39 m
Flügelfläche:	16,69 m2
Rüstmasse:	3636 kg
maximale Startmasse:	8568 kg
Höchstgeschwindigkeit ohne Außenlasten :	1038 km/h
Einsatzradius mit 2567 kg Waffenlast:	556 km
Einsatzradius mit 1361 kg Waffenlast:	1039 km
Anfangssteiggeschwindigkeit:	59,95 m/Sek
Dienstgipfelhöhe:	15.240 m
Bewaffnung:	Mittelrumpfbehälter für 30 mm Aden Kanone oder ein Sea Eagle Schiffsbekämpfungs-Marschflugkörper und bis zu 680 kg Übungsbomben, AIM-9L Luft-Luft-Lenkflugkörper, maximale Waffenlast bis 3084 kg an vier Waffenstationen unter den Flügeln
Erstflug:	21. August 1974

CASA C-101 Aviojet

Auch das spanische Kunstflugteam „Team Aquila" fliegt die CASA C-101.

Als Nachfolgemuster für die Lockheed T-33A und die Hispano HA-200 als Schulflugzeug und leichtes Erdkampfflugzeug begannen bei CASA im August 1974 die Entwicklungsarbeiten an der C-101 Aviojet. Unterstützt wurde CASA bei der Ausführung von Northrop und MBB. Northrop entwickelte die Lufteinläufe und Teile des Flügels, MBB den hinteren Rumpfabschnitt mit dem Heck. Die Windkanalversuche wurden in Lille in Frankreich und Bedford in Großbritannien durchgeführt. Der Ganzmetallrumpf wird in Halbschalenbauweise hergestellt und setzt sich aus drei Modulen zusammen.

Ziviles Triebwerk

Das Cockpit mit Druckausgleich ist in Tandemanordnung ausgelegt und mit zwei Martin-Baker Mk.10L Zero-Zero Schleudersitzen ausgestattet. Das hintere Cockpit ist um 32,5 cm höher angeordnet, damit der Fluglehrer einen besseren Überblick hat. Die getrennten Cockpithauben werden nach rechts geöffnet. Unter dem hinteren Cockpit befindet sich ein Waffenschacht zur Aufnahme von ECM-Geräten und weiterer Ausrüstung.

Für den Antrieb wurde das aus der Ziviluftfahrt bekannte Garrett AiResearch TFE731

> **INFO ▸ Die CASA C-101 ist ein weiteres Modell auf dem heiß umkämpften Markt für Ausbildungsflugzeuge, dem der auf Grund seiner Leistungen verdiente Erfolg versagt blieb. Die Exportversionen sind auch für den Erdkampf geeignet. Die C-101 wird in mehreren Varianten in Chile unter Lizenz gebaut. Die erste C-101 hatte 1977 ihren Erstflug.**

Turbofan-Triebwerk ausgewählt. Die Lufteinläufe befinden sich über den Flügelwurzeln der mit 1 Grad 53 Minuten gepfeilten Tragflächen. Die Tragflächen mit Integraltanks haben eine V-Stellung von 5 Grad und besitzen eine relative Profildicke von 15 Prozent. Der Tank im Mittelflügel faßt 575 Liter, die beiden äußeren Flügeltanks je 342 Litern. Der Rumpftank hat ein Fassungsvermögen von 1155 Liter.

Das Leitwerk ist konventionell aufgebaut. Seiten- und Höhenruder werden manuell betätigt.

Gekürtzter Auftrag

Die Avionikgrundausrüstung der in Spanien eingesetzten Flugzeuge besteht aus VHF/UHF-Sender und Empfänger, einen Bendix ARN-127 Empfänger für VOR und ILS-Funkfeuer, ein TACAN ARN-118 von Collins und ein Teledyne APX-101System.

Der Auftrag für die Entwicklung und den Bau von vier Prototypen und zwei statischen Bruchzellen wurde am 16. September 1975 erteilt. Der erste Prototyp mit der Bezeichnung XE.25-01 startete am 27. Juni 1977 zu seinem Erstflug, der vierte und letzte am 17. April 1978. Alle vier Maschinen wurden Ende 1978 zur Erprobung der spanischen Luftwaffe übergeben.

Die spanische Luftwaffe (Ejércitio del Aire) plante zuerst 120 Maschinen zu beschaffen. Die Bestellung umfaßte dann aber nur 88 Flugzeuge, die in zwei Losen zu 60 und 28 Flugzeugen gefertigt wurden. Die Bezeichnung bei CASA lautete C-101EB-01, bei der spanischen Luftwaffe heißt das Flugzeug E.25 Mirlo. Sie führen die Seriennummern E-25-1 bis E-88. Die letzte E.25 wurde im Jahr 1984 ausgeliefert.

Die Academia del Aire (Ala 79) in San Javier erhielt am 17. März 1980 die ersten vier Maschinen, wo sie für die Fortgeschrittenenausbildung eingesetzt werden. Fluglehrer der Schule bilden auch das spanische Kunstflugteam „Team Aquilla". Eine weitere Einheit, die die C-101 einsetzt, ist die 744. Escuadrón der Grupo de Escuelas de Maca-

Deutlich ist hier der Kanonenbehälter unter dem Rumpf dieser C-101 zu sehen.

Die CASA C-101 wird vor allem als Fortgeschrittenen-Schulflugzeug verwendet.

tan. Zwei Maschinen fliegen bei der Grupo 54, der Erprobungseinheit der spanischen Luftwaffe.

Neben Spanien kommt die CC-101 noch in Chile, Honduras und Jordanien zum Einsatz. Chile bestellte 1980 zwölf C-101BB-02, die ebenfalls in der Fortgeschrittenenschulung eingesetzt werden und die Cessna T-37 ersetzen. Vier der Maschinen wurden direkt von CASA geliefert und acht von ENAER montiert. In Chile wird die C-101 mit T-36 Halcón bezeichnet. Eine weitere Bestellung über fünf Maschinen erfolgte 1984, deren Endmontage bei ENAER erfolgte.

Für das Waffentraining wurden 1980 ein Auftrag über vier C-101CC-02 erteilt, dem 1984 weitere 16 folgten. Die erste Maschine wurde wieder direkt von CASA geliefert, die restlichen bei ENAER montiert. Diese Version heißt in Chile A-36 Halcón.

1983 bestellte Honduras vier C-101BB-03. Die erste Maschine flog im Oktober 1983, und die Auslieferung aller vier Flugzeuge erfolgte Anfang 1984. 1985 bestellte Jordanien für

seine Luftwaffe 16 C-101CC-04. Diese Flugzeuge wurden 1987 ausgeliefert und von der No. 6 Squadron beim King Hussein Air College in Mafrag übernommen wurden.

Die C-101BB ist die bewaffnete Exportversion und wird neben der Schulung auch als Jagdbomber und für Erdkampfunterstützung eingesetzt. Sie ist mit einem TFE731-3-1J Triebwerk mit 16,5 kN ausgerüstet. Das Flugzeug verfügt über sechs externe Aufhängestationen zur Aufnahme der unterschiedlichsten Bewaffnung. Dazu gehören LAU-3 Raketenbehälter, BR125 Bomben und ein Behälter mit einem Browning Zwillings-MG mit einer Schußfolge von 2400 Schuß pro Minute oder alternativ ein Behälter mit einer 30 mm DEFA-Kanone unter dem Rumpf. Auch ein Aufklärungsbehälter kann mitgeführt werden. Zur Störung von gegnerischen Feuerleitradars kann ein ELT-555 Behälter mitgeführt werden.

Als Angriffsflugzeug wurde die C-101CC entwickelt. Der Erstflug wurde am 16. November 1983 absolviert. Sie ist mit einem

TFE731-5-1J Triebwerk ausgerüstet, das einen Standschub von 19,16 kN abgibt. Die Bewaffnung entspricht der der C-101BB. Zusätzlich stehen noch LAU-10 Behälter mit je vier 127 mm Raketen zur Verfügung. Die externe Waffenlast beträgt 2250 kg. Das RGS.2 Visier wird von Saab hergestellt und eignet sich sowohl für den Einsatz von Kanonen, Luft-Luft- und Luft-Boden-Raketen und Bomben.

Neue Version C-101 DD

In Chile flog 1985 versuchsweise eine mit A-36M bezeichnete C-101CC mit British Aerospace Sea Eagle Anti-Schiffs-Raketen. Über Bestellungen dieser Version wurde nichts bekannt.

Letzte bisher vorgestellte Variante ist die C-101DD. Sie startete am 25. Mai 1985 zu ihrem Erstflug. Ausgerüstet ist sie mit dem gleichen Triebwerk wie die C-101CC. In erster Linie wurde bei ihr die Avionik überarbeitet. Durch die neuen Navigations- und Angriffssysteme stieg die Flugmasse um 75 kg an. Dazu gehören ein GECAV/AD 6601-12 Doppler-Geschwindigkeitssensor, ein FD4503 Head-Up Display und ein FIN 1100 AHNS sowie ein Ferranti FASTAC System . Auch das Cockpit wurde auf den neuesten Stand gebracht und verfügt über eine HOTAS-Steuerung. Zur Selbstverteidigung steht ein Radarwarnempfänger AN/ALR-66 und ein Vinten VICON Düppel- und Fackelwerfer zur Verfügung. Zusätzlich zur Bewaffnung der C-101CC können noch zwei Hughes AGM-65 Maverick Luft-Boden-Lenkwaffen mitgeführt werden.

Hersteller:	Construcciones Aeronauticas CASA, Spanien
Verwendung:	Fortgeschrittenen-Schulflugzeug
Triebwerk:	Ein Turbofan-Triebwerk Garrett AiResearch TEE731-5-1J ohne Nachbrenner mit 19,16 kN (1950 kp) Standschub, Höchstleistung für 5 Minuten 20,95 kN (2132 kp

Abmessungen und Leistungen:

Länge:	12,50 m
Höhe:	4,25 m
Spannweite:	10,60 m
Flügelfläche:	20,00 m2
Spannweite des Höhenleitwerks:	4,32 m
Radstand:	4,77 m
Spurweite:	3,18 m
Rüstmasse:	3340 kg
maximale Startmasse Schulflugzeug:	4850 kg
Kampfversion:	6300 kg
maximale Außenlast:	2250 kg
Tankinhalt:	1847 kg
Höchstgeschwindigkeit in Meereshöhe:	769 km/h
Höchstgeschwindigkeit in 4570 m:	834 km/h
Anfangssteiggeschwindigkeit:	26,92 m/sek
Dienstgipfelhöhe:	12.800 m
maximale Reichweite:	3706 km
Kampfradius bei Lo-Lo-Lo-Einsatz:	370 km
Kampfradius mit Kanone und 1000 kg Bomben:	519 km
Einsatzradius als Aufklärer:	964 km
Startstrecke:	750 m
g-Belastung:	+7,5/-3,9
Bewaffnung:	Eine 30 mm DEFA-Kanonengondel oder zwei 12,7 mm MG im Waffenschacht. An sechs Flügelstationen können bis zu 500 kg Bomben und andere Waffenlasten mitgeführt werden
Erstflug:	27. Juni 1977

Alpha Jet E der Escadron de Transition Operationelle 02.008 "Nice" aus Cazaux.

Seit 1967 beschäftigte sich Dornier mit Untersuchungen über ein neues Schulflugzeug für die deutsche Luftwaffe. Daraus entstand das Projekt Do P 375. Dieses zeichnete sich besonders durch die Modulbauweise aus. Geplant waren zwei Versionen, eine für Flüge im Unterschall- und eine im Überschallbereich, was durch gleiche Rumpfauslegung jedoch mit verschiedenen Tragflächen erreicht werden sollte. Im Oktober 1968 entschied man sich bei Dornier für ein Unterschallflugzeug, und 1969 erhielt der Hersteller einen Auftrag für die Entwicklung eines Strahltrainers mit sekundärer Eignung für den Erdkampf.

Kooperation mit Frankreich

Auch in Frankreich arbeitete Breguet an dem Entwurf eines Strahltrainers mit der Bezeichnung Br. 126 für die Armee de l´Air. Im Januar 1969 entschlossen sich Breguet und Dornier, die Entwicklung gemeinsam durchzuführen. Die Arbeiten wurden unter der Bezeichnung TA 501 (Trainer Attack Breguet 126 und Do P 375 = TA 501) weitergeführt. Den von Frankreich und Deutschland ausgeschrieben Wettbewerb konnten die beiden Firmen für sich entscheiden und am 23. Juli 1970 erhielten Dassault-Breguet und Dornier den Auftrag für weitere Voruntersuchungen über die Auslegung des neuen

> **INFO ▶ Der Alpha Jet ist eine Gemeinschaftsentwicklung von Deutschland und Frankreich. Frankreich bestellte den Alpha Jet nur für die Pilotenausbildung, während in Deutschland das Flugzeug in erster Line als leichtes Erdkampfflugzeug eingesetzt wurde. Eine kleine Stückzahl konnte auch exportiert werden.**

Flugzeugs. Frankreich benötigte als Ersatz für die Lockheed T-33A und die Fouga Magister einen reinen Strahltrainer für die Anfangs- und Waffenschulung, Deutschland ein Nachfolgemuster für die Fiat G.91/R3 und T/3 als Luftnahunterstützungs- und Schulflugzeug .

Am 16. Februar 1972 ging die Bestellung über die Fertigung und Erprobung von vier Prototypen, einer Bruchzelle für Ermüdungstests und einer Bruchzelle für statische Versuche ein.

Der Prototyp 01 (F-ZJTS) des Alpha Jets wurde in Paris im Juni 1973 erstmals offiziell vorgestellt. Anschließend wurde sie ins französische Flugversuchszentrum Istres überführt, wo sie am 26. Oktober 1973 mit Jean-Marie Saget im Cockpit ihren 46-minütigen Erstflug absolvierte. Der zweite bei Dornier gefertigte Prototyp (D-9594/F-ZWRU) flog unter Führung von Dieter Thomas am 9. Januar 1974 in Oberpfaffenhofen zum ersten Mal. Dieser Flug dauerte 35 Minuten. Zur weiteren Flugerprobung wurde die 02 am 17. Januar 1974 nach Istres überführt. Hier startete dann am 6. Mai 1974 wieder

unter der Führung von Dieter Thomas der Prototyp 03 (F-ZWRV) zu seinem Jungfernflug. Diese Maschine war das Ausgangsmuster der deutschen Luftnahunterstützungsversion (LNU), was schon durch den deutschen Tarnanstrich und die Luftwaffenkennung 40+01 deutlich wurde. Die Endmontage des vierten und letzten Prototyps (D-9595/F-ZWRX) wurde wieder bei Dornier in Oberpfaffenhofen durchgeführt, wo am 11. Oktober 1974 auch der Erstflug stattfand. Die 04 entsprach der französischen Trainerversion und wurde für Struktur- und Systemversuche eingesetzt. Sie stürzte am 23. Juni 1976 nach Bodenberührung in Mont-de-Marsan ab.

Die erste französische Serienmaschine, ein Alpha Jet E, flog am 4. November 1977 in Istres. 1978 erhielt die Erprobungsstelle der französischen Luftwaffe CEAM sechs Maschinen für die Truppenerprobung. Als erste Einheit übernahm die GE 314 in Tours den Alpha Jet im Mai 1979. Im gleichen Jahr rüstete auch das Kunstflugteam Patrouille de France von der Fouga Magister auf den Alpha Jet um. Aus der deutschen Produktion star-

In Belgien fliegen noch 31 Alpha Jets.

Ein Alpha Jet der deutschen Luftwaffe mit dem Erprobungskennzeichen 98+34 startet gerade zu einem Testflug.

tete der erste Alpha Jet A am 12 April 1978. Im Unterschied zur französischen Trainerversion verfügt die deutsche LNU-Version über ein steuerbares Bugrad, ein verstärktes Radbremssystem, einen Fanghaken und vier statt zwei Unterflügelstationen. Sie kann mit einem Waffenbehälter unter dem Rumpf ausgerüstet werden, in dem eine Mauser BK 27- Kanone mit 150 Schuß eingebaut ist. Auch die Avionik wurde erweitert. Dazu gehört eine der Bewaffnungsmöglichkeiten angepaßte Waffenelektronik und ein Radar-Höhenmesser.

Nachfolger der Fiat G.91

Als erster Verband der Luftwaffe übernahm das JaboG 49 in Fürstenfeldbruck am 8. Januar 1980 den Alpha Jet. Zweiter Verband war das JaboG 43 in Oldenburg. Hier begann die Umrüstung von G.91R/3 auf den Alpha Jet im Februar 1981 und konnte bereits zum Jahresende abgeschlossen werden. Als letztes

Geschwader erhielt das JaboG 41 den Alpha Jet. Die erste Maschine des Geschwaders, die 41+41, landete am 4. Januar 1982 in Husum. Alle drei Jagdbombergeschwader wurden mit je 51 Flugzeugen ausgerüstet. Mit der Übergabe des 175. Alpha Jet (41+75) am 26. Januar 1983 in Oberpfaffenhofen endete die Fertigung des Alpha Jets für die deutsche Luftwaffe.

Aus Kostengründen und im Rahmen der Abrüstungsverhandlungen wurden die Geschwader bis 1994 aufgelöst und der Alpha Jet außer Dienst gestellt. Letzte Einheit war die Fluglehrgruppe Fürstenfeldbruck, die die Nachfolge des JaboG 49 antrat und den Alpha Jet bis 1977 flog.

Bis Anfang 1994 übernahm die portugiesische Luftwaffe 50 deutsche Alpha Jets. Die restlichen Maschinen sind in Fürstenfeldbruck eingelagert.

Belgien entschied sich im September 1973 für die Beschaffung von 33 Alpha Jet E als Nachfolgemuster für die Lockheed T-33 bei der Ausbildung der Piloten. Die belgischen Alpha

Jets wurden mit zwei Martin-Baker Mk.10 Schleudersitzen ausgerüstet. Für die Erdkampfunterstützung erwarb Ägypten 30 Alpha Jet MS1. Vier Maschinen wurden komplett von Dassault geliefert, die Endmontage der restlichen 26 erfolgte in Ägypten.

Alpha Jet MS2

Eine weiter modifizierte Version für die Gefechtsfeldabriegelung flog erstmals am 9. April 1982. Diese Maschine ist mit dem neuen Feuerleit- und Navigationssystem SAGEM ULISS 81 INS, einem Head-Up-Display VE110CRT von Thomson-CSF, einem Laser-Entfernungsmesser TMV360 ebenfalls von Thomson-CSF und einem Radarhöhenmesser TRT AHV 9 ausgerüstet.

Unter der Bezeichnung Alpha Jet MS2 erwarb Ägypten 15 Einheiten, wovon wiederum vier von Dassault geliefert wurden. Kamerun übernahm sieben Flugzeuge dieser Version.

Als Weiterentwicklung des Alpha Jet wurde die zunächst als Alpha Jet NGEA bezeichnete Ausführung angeboten. Heute heißt diese Version Alpha Jet 2. Sie entspricht in ihrer Ausrüstung dem Alpha Jet MS2. Als Antrieb wurde jedoch das leistungsstärkere Larzac 04-C20 vorgesehen und es besteht die Möglichkeit, Matra Magic 2 Luft-Luft-Lenkwaffen mitzuführen.

Auf der Basis der MS2 entwickelte Dassault die Alpha Jet Lancier, heute Alpha Jet 3. Der Alpha Jet 3 verfügt über ein Mehrzweckradar und FLIR sowie Laser und ECM-Ausrüstung. Die Mitnahme von weiteren Waffen wie die Anti-Schiffs-Rakete AM-39 Exocet ist vorgesehen. Ein Erprobungsträger wurde gebaut.

Hersteller:	Dassault; Frankreich
	Dornier; Deutschland
Verwendung:	taktisches Mehrzweck-Kampfflugzeug und Waffentrainer
Besatzung:	2
Triebwerk:	Zwei Mantelstromtriebwerke SNECMA/Turbomé - ca Larzac 04-C6 mit je 13,24 kN (1350 kp) Standschub

Abmessungen und Leistungen:

Länge einschließlich Staurohr:	13,23 m
Höhe:	4,19 m
Spannweite:	9,11 m
Flügelfläche:	17,50 m2
Rüstmasse:	3345 kg
maximale Startmasse:	7000 kg
Höchstgeschwindigkeit in 10.000 m Höhe:	995 km/h
Höchstgeschwindigkeit in Meereshöhe:	916 km/h
Dienstgipfelhöhe:	14.630 m
Anfangssteiggeschwindigkeit:	57 m/sek
Einsatzradius:	583 km
Einsatzradius mit Zusatztanks:	1075 km
Bewaffnung:	Eine 27 mm IWKA-Mauser Kanone in einer Gondel unter dem Rumpf und bis zu 2500 kg externe Lasten an vier Aufhängepunkten unter den Tragflächen für BL755 CBU und Hughes Maverick ASM
Erstflug:	26. Oktober 1973

In der Schweiz wurde die Mirage IIIS 1999 außer Dienst gestellt.

Die Mirage III ist eines der erfolgreichsten französischen Flugzeuge. Ihren Ursprung hat die Mirage III in der MD 550, die später als Mirage I bezeichnet wurde. Dieses Flugzeug absolvierte seinen Erstflug am 25. Juni 1955 und erreichte während der Erprobung nach dem Einbau

> **INFO ▶ Die Mirage III gehört zu den erfolgreichsten Kampfflugzeugen, die in Frankreich entwickelt wurden. Sie wurde in mehreren Versionen gebaut und konnte auch im Export gute Erfolge erzielen. Eine große Anzahl der heute noch im Einsatz stehenden Mirage III werden einem Kampfwertsteigerungsprogramm unterzogen und somit in ihrer Lebensdauer verlängert.**

eines zusätzlichen SEPR-66-Raketenmotors bereits Mach 1,3.

Mit Raketenmotor

Der Entwurf wurde komplett überarbeitet, und mit der Verfügbarkeit des neuen Atar-101G mit einer Leistung von 44,48 kN stand das geeignete Triebwerk zur Verfügung. Der Prototyp, die Mirage III-001, startete unter der Führung von Roland Glavany am 17. November 1956 zu seinem Jungfernflug. Die französische Luftwaffe bestellte zehn Vorserienflugzeuge mit der Bezeichnung Mirage IIIA. Die Mirage IIIA erhielt das neue Snecma Atar 9B Triebwerk, das mit Nachbrenner einen Schub von 58,86 kN erzeugte. Außerdem wurde im Heck ein SEPR-841 Raketenmotor eingebaut. Die Mirage IIIA-01 erreichte bei ihrem 35. Flug am 24. Oktober 1958 doppelte Schallgeschwindigkeit.

Ab Juli 1961 übernahm die Armee de l´Air 95 Mirage IIIC, die als Abfangjagdflugzeuge eingesetzt wurden. Die erste Mirage IIIC absolvierte am 9. Oktober 1960 ihren Erstflug. Ausgerüstet war sie mit einem CSF-Cyrano-Feuerleitradar und einem SEPR-844-Raketenmotor. Als erstes Geschwader erhielt die EC 2 in Dijon die Mirage IIIC. Als nächstes kam das EC 13 in Colmar an die Reihe, wo die North American F-86K Sabre abgelöst wurde. Am 31. Juni 1988 erfolgte die Außerdienststellung der Mirage IIIC. Die EC 3/10 "Vexin" war die letzte Staffel, die diese Version flog. Parallel zur Mirage IIIC wurde der zweisitzige Trainer Mirage IIIB entwickelt. Der Erstflug fand am 21. Oktober 1959 statt. Die Armée de l´Air bestellte 45 Mirage IIIB.

Jabo und Aufklärer

Hauptversion wurde die Mirage IIIE. Hinter dem Cockpit befand sich ein Bereich für zusätzliche Avionik. Unter dem Rumpf konnte eine AN52 Atombombe mitgeführt werden. Die Mirage IIIE absolvierte ihren Erstflug am 5. April 1961. Die ersten Einsatzflugzeuge wurden im April 1965 an die EC 2/13 "Alpes" in Colmar übergeben. Die letzten Mirage IIIE standen bei der EC 2/13 und der EC 3/3 "Ardennes" in Nancy im Einsatz. Für die Armée de l´Air wurden 183 Maschinen sowie 20 Trainer Mirage IIIBE gebaut.

Für Aufklärungseinsätze entstand die Mirage IIIR. Diese Version kam ab 1963 bei der ER 3/33 in Straßburg zum Einsatz. Für die französische Luftwaffe wurden 50 Mirage IIIR und 20 mit Doppler ausgerüstete Mirage IIIRD gebaut. Die Aufklärerausrüstung bestand aus fünf Omera-31-Kameras im Bug. Die erste Maschine flog am 31. Oktober 1961. Am 3. Juni 1994 stellte die Armée de l´Air ihre letzte Mirage III außer Dienst.

Die Mirage III war auch ein ausgesprochener Exporterfolg. Argentinien erwarb 17 Mirage IIIEA als Abfangjäger, die mit Matra R.550 Magic Luft-Luft-Lenkwaffen sowie vier Mirage IIIDA Trainer ausgerüstet waren. Später wurden noch drei Mirage IIIBJ und 19 Mirage IIICJ von Israel erworben. Als Ersatz für die

Diese Mirage IIIB flog bei der EC13 in Colmar. Die Armée de l´Air hat alle Mirage III in der Zwischenzeit außer Dienst gestellt.

Einige Mirage IIIEA der argentinischen Luftwaffe stehen noch bei der G6C in BAM Tandil im Einsatz.

CA-27 Sabre baute Commonwealth Aircraft Corporation (CAC) in Australien 98 Mirage IIIO als CA-29 in Lizenz. Eines der Vorserienflugzeuge wurde auf Wunsch der RAAF bei Dassault mit einem Rolls-Royce Avon Mk.67 Triebwerk mit 70,63 kN Schub ausgerüstet. Die Flugzeuge wurden dann aber doch mit dem Atar 09C-3 ausgerüstet. Für die Schulung wurden 16 Mirage IIID beschafft. Am 9. April 1963 erhielt die RAAF ihre ersten Maschinen, die an die 75. Squadron in Williamstown gingen. Die Mirage III wurde in Australien von der McDonnell Douglas F/A-18 Hornet abgelöst. Anfang 1989 wurde Mirage III außer Dienst gestellt und zunächst in Woomera eingemottet. 1990 erwarb Pakistan davon 50 Flugzeuge.

16 Mirage IIIEBR wurden nach Brasilien geliefert, 1988 folgten sechs weitere aus den Beständen der französischen Luftwaffe, die mit Canards und neuer Avionik ausgerüstet waren. Außerdem übernahm Brasilien sechs Mirage IIIDBR, zwei Mirage IIIDBR-2 und vier Mirage IIIEBR-2. Zu den ersten Kunden zähl-te Israel, das 72 Mirage IIICJ und vier Doppelsitzer IIIBJ übernahm. Diese wurden 1982 außer Dienst gestellt und ein Teil davon nach Argentinien geliefert.

Erfolgreicher Export

Die zehn in den Libanon gelieferten Mirage IIIEL und zwei Mirage IIIBL waren lange Jahre eingelagert. Nach einer Kampfwertsteigerung sollen sie jetzt wieder aktiviert werden. Zu dem größten Mirage III Betreibern zählt Pakistan. Das Land erwarb neu fünf Mirage IIIDP, 18 Mirage IIIEP und 13 Mirage IIIRP. Dazu kamen 1990 aus australischen Beständen 47 Mirage IIIO und drei Mirage IIID. Sämtliche Maschinen sollen mit dem modernen FLAR-Grifo-Multifunktionsradar ausgerüstet werden.

Die Schweiz erhielt für die Erprobung eine Mirage IIIC. Für den Einsatz bei der Luftwaffe wurden zwei Mirage IIIS von Dassault geliefert und 34 bei den Flugzeug- und Fahrzeugwerken Altenrhein (FFA) gefertigt. Für den Einsatz von den kurzen Behelfspisten wurde das Fahrwerke verstärkt. Ausgerüstet wurden die Fliegerstaffel 16 und 17 mit der Mirage IIIS. Von Anfang an waren die Mirage IIIS mit einem TARAN 18 Radar von Hughes für den Einsatz der Hughes Falcon Luft-Luft-Lenkflugkörper ausgerüstet. Für die Ausbildung wurden vier Mirage IIIBS und später noch zwei Mirage IIIDS erworben, außerdem noch 18 Mirage IIIRS Aufklärer. Alle Mirage III der Schweizer Luftwaffe wurden modernisiert und mit Canards ausgerüstet. Alle Mirage IIIS wurden Ende 1999 außer Dienst gestellt.

Spanien bestellte 24 MirageIIIEE und sechs Mirage IIIDE. Diese Maschinen sollten zuerst auch modernisiert werden. Aus Kostengründen wurden sie 1992 jedoch außer Dienst gestellt.

Ebenfalls zu den ersten Kunden gehörte Südafrika. Insgesamt erhielt Südafrika drei Mirage IIIBZ, 16 Mirage IIICZ, drei Mirage IIIDZ, elf Mirage IIID2Z, 17 Mirage IIIEZ, vier Mirage IIIRZ und vier Mirage IIIR2Z. Die vier Mirage IIIR2Z sind mit einem Atar 09K50 mit einer Leistung von 70,61 kN ausgerüstet. Die zwischen 1965 und 1966 gelieferten Mirage IIIEZ werden zur Zeit bei Atlas mit neuer Avionik und mit Canards ausgerüstet. Nach der Modifizierung erhalten sie den Namen Cheetah. Eine Mirage IIICZ wird noch für Testzwecke eingesetzt.

Venezuela erwarb sieben Mirage IIIEV und drei Mirage IIIDV. Außerdem erwarb Venezuela noch einige Mirage 5 und Mirage 50. Alle Maschinen werden zur Zeit auf Mirage 50EV Standard gebracht. Die gesamte Fertigung der Mirage III umfaßte 1422 Maschinen aller Versionen.

Hersteller:	Dassault, Frankreich
Verwendung:	Abfangjagdflugzeug
Besatzung:	1
Triebwerk:	Ein Strahltriebwerk SNECMA Atar 09C-3 mit 42,17 kN (4300 kp) Standschub ohne und 58,85 kN (6000 kp) mit Nachbrenner

Abmessungen und Leistungen:

Länge einschließlich Staurohr:	15,27 m
Höhe:	4,50 m
Spannweite:	8,22 m
Flügelfläche:	34,80 m2
Radabstand:	4,87 m
Spurweite:	3,15 m
Rüstmasse:	6740 kg
Nutzmasse:	5260 kg
normale Startmasse:	9600 kg
maximale Startmasse:	12.000 kg
Tankkapazität:	2390 Liter
maximale Waffenlast:	4000 kg
Höchstgeschwindigkeit in 12.000 m Höhe:	2350 km/h
Reisegeschwindigkeit in 11.000 m Höhe:	956 km/h
Dienstgipfelhöhe:	18.000 m
Steiggeschwindigkeit:	66 m/sek
Reichweite:	1200 km
Überführungsreichweite mit drei Zusatztanks:	4000 km
g-Belastung:	+ 4,83
Bewaffnung:	Zwei 30-mm DEFA 552A Kanonen mit je 125 Schuß und fünf Aufhängepunkte für insgesamt 4000 kg Waffenlast
Erstflug:	5. April 1961

Für die Schulung beschaffte die Armée de l´Air die Mirage F.1B, die auf die Mirage F.1 Geschwader verteilt sind.

Bereits 1964 machte man sich bei Dassault Gedanken über einen leistungsfähigen Nachfolger für die Mirage III. Geplant war zunächst eine zweisitzige Maschine mit einem SNECMA TF306 Strahltriebwerk. Im Juni 1964 wurde ein Prototyp mit der Typenbezeichnung Mirage F.2 bestellt, der am 12. Juni 1966 seinen Erstflug absolvierte. Diese Maschine flog allerdings nur als Erprobungsträger. Aus ihr wurde die leichtere Mirage F.1 entwickelt, die dann auch in größeren Stückzahlen gebaut wurde. Die erste Mirage F.1-01, die auf eigenes Risiko von Dassault gebaut wurde, startete am 23. Dezember 1966 zu ihrem Erstflug. Angetrieben wurde sie von einem SNECMA Atar 9K. Bei ihrem vierten Fluge am 7. Januar 1967 erreichte sie die doppelte Schallgeschwindigkeit. Während eines Hochgeschwindigkeitsversuchs stürzte die Mirage F.1-01 am 18. Mai 1967 bei Istres ab. Der Pilot René Bigand kam dabei ums Leben.

INFO ▶ Die Mirage F.1 lösten die Mirage III ab. Über einen längeren Zeitraum standen beide Typen parallel im Einsatz. Neben Frankreich fliegt die Mirage F.1 noch in acht weiteren Ländern. Einige der bei der Armée de l´Air als Abfangjäger eingesetzten Mirage F.1 werden zu Jagdbombern umgebaut.

Die französische Regierung bestellte im September 1967 eine Bruchzelle für statische Versuche und drei Prototypen, von denen der erste, die Mirage F.1-02 am 20. März 1969 zum ersten Mal flog und dabei bereits Mach 1,15 erreichte. Zunächst war sie mit einem Atar 9K-31 ausgerüstet, erhielt aber 1969 das schubstärkere Atar 9K-50. Sie startete am 18. September 1969 zu ihrem Jungfernflug, die Mirage F.1-04 folgte am 17. Juni 1970. Sie diente als Ausgangsmuster für die Serienversion und war mit der kompletten Avionik ausgerüstet. Die erste Mirage F.1 aus der Serie flog am 15. Februar 1973. Sie sowie die nächsten Maschinen wurden zunächst dem dem Centre d´Essais en Vol (CEV) zugewiesen, wo weitere Versuche durchgeführt wurden.

Mit Luftbetankung

Als erster Einsatzverband der Armée de l´Air rüstete die in Reims stationierte EC 2/30 "Normandie-Niemen" im Dezember 1973 auf die Mirage F.1C um. Anschließend übernahm die EC 3/30 "Lorraine" die neuen Flugzeuge. Ihnen folgten die EC 5 in Orange und die EC 12 in Cambrai. Die Armée de l´Air übernahm

zunächst 83 Mirage F.1C wovon die letzten 13 mit einem Radarwarnempfänger von Thomson-CSF ausgerüstet waren. Zwischen März 1977 und und Dezember 1983 wurden weitere 79 Flugzeuge mit der Bezeichnung Mirage F.1C-200 übernommen. Diese besaßen einen festen Luftbetankungsstutzen rechts vor dem Cockpit. Für den Einbau des Luftbetankungsstutzens mußte der Bug um 7 cm verlängert werden. Für die Systemausbildung und zum Kampftraining entwickelte Dassault die doppelsitzige Mirage F.1B.

Jabo-Version

Der 60-minütige Erstflug fand am 26. Mai 1976 in Istres statt. Die französische Luftwaffe übernahm 20 Mirage F.1B zwischen Oktober 1980 und März 1983. Für die Aufnahme des zweiten Cockpits wurde der Rumpf um 30 cm verlängert. Die Treibstoffkapazität wurde reduziert und die beiden Kanonen entfielen. Durch die Übernahme der Mirage 2000C als Abfangjäger wurden Teile der Mirage F.1C in dieser Rolle frei. Deshalb wurden 57 Maschinen zu Jagdbombern mit der Bezeichnung Mirage F.1CT umgebaut.

Mirage F.1JA der Luftwaffe Equators.

Mirage F.1CR der Aufklärungsstaffel ER 01.033 „Belfort" aus Reims. Der helle Grundanstrich stammt wurde während der Einsätze in Djibouti angebracht.

Der erste von zwei Prototypen flog am 3.Mai 1991. Der Umbau der Prototypen erfolgte bei Dassault. Die restlichen 55 wurden bis 1995 von der französischen Luftwaffe umgebaut. Anstelle des Cyrano IV Radars kam das Cyrano IVMR zum Einbau. Die weiteren Änderungen betrafen den Einbau eines SAGEM ULISS 47, eines Dassault M182XR Zentralcomputers, Thomson VE120 Head-Up-Displays, Thomson-TRT TMV630 Laser-Zielfinders, eines verbesserten Radarwarnempfängers und Düppel- und Fackel-Werfers. Eine der beiden Kanonen wurde ausgebaut, um Platz für die zusätzliche Ausrüstung zu schaffen. Die Auslieferung begann am 13. Februar 1992 an die EC 13 in Colmar.

Als Ersatz für die Mirage IIIR entwickelte Dassault die Mirage F.1CR-200. Die erste Maschine flog am 20. November 1981. Ausgerüstet ist diese Version mit SAT SCM2400 Super Cyclope Infrarot-Abtastgerät, einer 75 mm Panoramakamera oder einer 150 mm Vertikalkamera, beide von Thomson-TRT. Als Radar kam das Cyrano IVMR zum Einbau. 64 Flugzeuge wurden in Auftrag gegeben. Die erste Serienmaschine flog am 10. November 1982. Die ER 2/33 „Savoie" in Straßburg-Entzheim übernahm die ersten Mirage F.1CR und war im Juli 1983 einsatzklar. Ihr folgten die ER 1/33 „Belfort" und ER 3/33 „Moselle". Die Umrüstung war 1988 abgeschlossen. 1994 verlegte man das Geschwader nach Reims.

Export-Erfolge

Wie die Mirage III, ließ sich auch die Mirage F.1 im Ausland gut verkaufen. Mit Mirage F.1A wird eine Tiefangriffsversion bezeichnet, die nicht nur über eine verbesserte Avionik, sondern auch über eine erhöhte Treibstoffkapazität verfügt. Diese Version wurde nur von Lybien und Südafrika bestellt.

Bei der Mirage F.1D handelt es sich um die Trainerversion der Mirage F.1E. Sie entspricht der Mirage F.1B. Als Nachfolger für den Starfighter bot Dassault die Mirage F.1E mit einem SNECMA M.53-2 mit einer Leistung von 83,26 kN mit Nachbrenner an. Der Prototyp flog am 22. Dezember 1974.

Griechenland setzte 40 Mirage F.1CG ein, die ab August 1975 übernommen wurden.

Anfang der 80er Jahre entschied sich auch Jordanien für den Einsatz der Mirage F.1 und bestellte 17 Mirage F.1CJ, die 1981 übernommen wurden. Später wurden nochmals 17 Mirage F.1EJ bestellt.

Kuwait erhielt 1976 zunächst 18 Mirage F.1CK und zwei Mirage F.1BK. Die erste Maschine flog am 26. Mai 1976. Die Übergabe an Kuwait erfolgte am 28. Oktober 1977. Eine zweite Lieferung mit neun Mirage F.1CK2 kam ab 1984 zur Auslieferung.

Marokko übernahm 30 Mirage F.1CH, die ab 1978 zur Auslieferung gelangten. Ein weiterer Auftrag über 14 Mirage F.1EH und sechs Mirage F.1EH-200 folgte.

Die 45 von Spanien bestellten Mirage F.1CE stehen seit Mai 1975 im Einsatz. In Spanien werden sie mit C.14A bezeichnet. Sie wurden zwischenzeitlich mit einem Cyrano IVM Radar modifiziert und sind für die Mitnahme von AIM-9P Sidewinder Luft-Luft-Lenkflugkörper ausgerüstet. Unter der Bezeichnung C.14B kommen noch 22 Mirage F.1EE-200 zum Einsatz.

Nach Südafrika wurden 32 Mirage F.1AZ 16 Mirage F.1CZ geliefert. Die Mirage F.1CZ trafen 1975 dort ein und wurden von der No. 3 Squadron übernommen. Diese Staffel wurde im September 1992 außer Dienst gestellt,. Die Flugzeuge wurden eingelagert.

Hersteller:	Dassault, Frankreich
Verwendung:	Mehrzweck-Kampfflugzeug
Triebwerk:	Ein Strahltriebwerk SNECMA Atar 9K-50 mit 49,04 kN (5000 kp) Standschub und 70,22 kN (7160 kp) mit Nachbrenner

Abmessungen und Leistungen:

Länge einschließlich Staurohr:	15,00 m
Höhe:	4,50 m
Spannweite:	8,40 m
Flügelfläche:	25,0 m2
Rüstmasse:	7400 kg
Startmasse ohne Außenlast:	10.900 kg
maximale Startmasse:	15.200 kg
Höchstgeschwindigkeit in 12.000 m Höhe:	2335 km/h
Höchstgeschwindigkeit ohne Außenlasten in Meereshöhe:	1472 km/h
Reisegeschwindigkeit in 9.000 m Höhe:	885 km/h
Dienstgipfelhöhe:	20.000 m
Steiggeschwindigkeit:	213 m/sek
Landerollstrecke:	500 m
Einsatzradius:	583 km
Reichweite mit 2000 kg Außenlast:	2300 km
Überführungsreichweite:	3300 km

Bewaffnung: Zwei 30 mm DEFA 553 Maschinenkanone mit je 125 Schuß, drei Matra 530 Magic und zwei AIM-9 Sidewinder Luft-Luft-Lenkwaffen an einer Aufhängestation unter dem Rumpf, zwei unter den Tragflächen und zwei an den Flügelspitzen

Erstflug:	23. Dezember 1966

Die erste Serienmaschine des Atomwaffenträgers Mirage 2000N. Unter dem Rumpf die nukleare Luft-Boden-Lenkwaffe ASMP.

In den Jahren 1971 bis 1975 arbeiteten die Ingenieure bei Dassault-Breguet an der Entwicklung des ACF-Programms (Avion de Combat Futur). Das AFC war als Nachfolger für die Mirage III, Mirage 5 und Mirage F.1 gedacht. Als Erprobungsträger für dieses Projekt wurden zwei Mirage G.8 gebaut, von denen die erste am 8. Mai 1971 zu ihrem Erstflug startete. Sie waren mit Tragflügeln variabler Geometrie und zwei Strahltriebwerken SNECMA Atar 9K-50 mit einer Leistung von je 70,22 kN mit Nachbrenner ausgerüstet. Nach der Einstellung des Projekts stellte Dassault-Breguet zwei neue Entwürfe vor, die einsitzige Mirage 2000 und die doppelsitzige Super Mirage 4000. Die Mirage 2000 war mit einem Triebwerk ausgerüstet und die Super Mirage 4000 mit zwei Triebwerken. Beide Entwürfe verfügten wieder über Deltaflügel. Im März 1976 entschied sich die Armée de l´Air für die Mira-

> **INFO ▶ 1975 wurde die Mirage 2000 als Kampfflugzeug der Zukunft entwickelt. Sie löste bei der Armée de l´Air die Mirage III und teilweise auch die Mirage F.1 ab. Die Mirage 2000N ist ein taktischer Atomwaffenträger. Neueste Version ist die Mirage 2000-5, die seit 1990 fliegt.**

ge 2000 als neuen Luftüberlegenheitsjäger. Die Bewaffnung der Mirage 2000C besteht standardmäßig aus zwei 30 mm-Kanonen DEFA 554 mit jeweils 125 Schuß sowie zwei Matra Magic 2 Luft-Luft-Raketen mit Infrarotsuchkopf und zwei radargesteuerten Super 530D Raketen. Für den Jagdbombereinsatz können bis zu 18 Bomben mit 250 kg, zwei lasergelenkte BGL-1000 und sechs Belouga Streubomben mitgeführt werden. Außerdem besteht noch die Möglichkeit, das Flugzeug mit zwei lasergelenkten AS30L Raketen, zwei Anti-Radar-Flugkörper ARMAT oder zwei Anti-Schiff-Lenkwaffen AM39 Exocet zu bestücken.

Doppelsitzer-Version

Für die Erprobung bestellte die Armée de l´Air fünf Prototypen. Zwei Jahre nach Beginn der Arbeiten startete der erste Prototyp, die Mirage 2000-01, unter der Führung von Jean Coureau am 10. März 1978 zu ihrem Erstflug in Istres, wobei bereits eine Höchstgeschwindigkeit von Mach 1,3 erreicht wurde. Die Mirage 2000-02 folgte am 18. September 1978. Ihr Pilot war Guy Mitaux-Maurounard. Der dritte Prototyp (Mirage 2000-03) flog am 26. April 1979. Jeder Prototyp war für einen bestimmten Erprobungsbereich vorgesehen. Am 12. Mai 1980 flog dann die Mirage 2000-04. Die zuvor bei der Erprobung gewonnen Erkenntnisse waren alle bei der Fertigung dieser Maschine mit eingeflossen. Parallel zum Einsitzer lief noch die Entwicklung des Doppelsitzers Mirage 2000B. Die erste Maschine dieser Version, die Mirage 2000B-01 absolvierte am 11. Oktober 1980 unter Führung von Michel Porta ihren Erstflug. Die erste Serienmaschine, die Mirage 2000C, startete am 20. November 1982. Als erste Staffel erhielt die EC 1/2 „Cigognes" in Dijon am 2. Juli 1984 die Mirage 2000C. Ihr folgte

Die EC 2 in Dijon war das erste Geschwader, das 1984 die Mirage 2000C übernahm.

Die Mirage 2000-05 ist bis jetzt die letzte Version der Mirage 2000. Gut zu sehen sind hier die verschiedenen Außenlasten.

im Juni 1986 die EC 2/2 „Cote d´ Or", die 15 Mirage 2000B übernahm.

Die Mirage 2000D ist eine Ableitung der Mirage 2000N. Sie wird für konventionelle Angriffe und gegen gegnerische Radarstellungen eingesetzt. Für diese Aufgabe ist sie mit einen GPS und leistungsfähigen ECM-Geräten ausgerüstet. Die erste Mirage 2000D flog am 19. Februar 1991. Die Auslieferung begann 1993 an die EC 3 in Nancy.

Für den Export bot Dassault die Mirage 2000E und als Doppelsitzer die Mirage 2000ED an. Diese Version kann eine Waffenlast von 6300 kg mitführen. Dazu gehören die Anti-Radar-Rakete Matra ARMAT und die lasergelenkte Aérospatiale AS30L.

Atomwaffen-Träger

1979 begann Dassault mit der Entwicklung einer zweiten Version, der Mirage 2000N. Sie basiert auf der Mirage 2000B und hat ebenfalls zwei Mann Besatzung. Die Struktur des Flugzeuges mußte jedoch verstärkt werden, da sie für lange Tiefflugeinsätze mit der 900 kg schweren nuklearen Luft-Boden-Lenkwaffe ASMP (Air-Sol Moyenne Portée) ausgelegt wurde. Ihre Ausrüstung beinhaltet unter anderem das Terrainfolge- und Navigations-Radar Antilope V, ein Head-Up Display, ECM-Geräte sowie eine vertikal eingebaute Kamera von Omera. Angetrieben wird sie von einem SNECMA M53-P2 mit einem Nachverbrennungsschub von 95,1 kN. Michel Porta startete am 3. Februar 1983 in Istres zum Erstflug mit der Mirage 2000N-01. Die zweite Maschine flog dann am 21. September 1983. Im Januar 1987 kam das erste Serienflugzeug zur Auslieferung. Die EC 1/4 "Dauphine" in Luxeuil übernahm am 31. März 1988 die Mirage 2000N.

Exportversion

Mit Mirage 2000S wird die Exportversion der Mirage 2000D bezeichnet. Von dieser Variante flog nur eine Erprobungsmaschine.
Neuste Version ist die Mirage 2000-5. Sie ist eine verbesserte Mehrzweckausführung mit einem neuen Thomson-CSF RPY Multifunktionsradar, mit dem gleichzeitig acht Ziele verfolgt werden können. Außerdem wurde ein holographisches Head-Up-Display im Cockpit eingebaut. Die Geräte zur elektronischen Kampfführung erlauben das Erkennen und Bekämpfen von gegnerischen Luftabwehrraketen und Radar. Als Erprobungsträger kamen die Prototypen Mirage 2000-03 und 2000-04 zum Einsatz. Mit der 2000-03 wird das neue Cockpit mit fünf Bildschirmen aus der Rafale erprobt, mit der 2000-04 die Matra MICA Luft-Luft-Lenkwaffen, die neu zur Ausrüstung der Mirage 2000-5 gehören. Ein zweisitziges Erprobungsmuster flog am 24. Oktober 1990. Der Einsitzer am 27. April 1991.

Hersteller:	Dassault, Frankreich
Verwendung:	Mehrzweckkampfflugzeug
Besatzung:	1
Triebwerk:	Ein Mantelstromtriebwerk SNECMA M53-P2 mit 64,33 kN (6547 kp) Standschub und 95,12 kN (9681 kp) mit Nachbrenner

Abmessungen und Leistungen:

Länge:	14,36 m
Höhe:	5,20 m
Spannweite:	9,13 m
Flügelfläche:	41,00 m2
Radstand:	5,00 m
Spurweite:	4,30 m
Rüstmasse:	7500 kg
Tankinhalt:	3160 kg
Zusatztanks:	3720 kg
maximale Waffenlast:	6300 kg
Startmasse ohne Außenlast:	9500 kg
normale Startmasse:	10.680 kg
maximale Startmasse:	17.000 kg
Höchstgeschwindigkeit in 11.000 m Höhe:	2390 km/h
Höchstgeschwindigkeit ohne Nachbrenner:	1118 km/h
Steiggeschwindigkeit:	305 m/sek
Steiggeschwindigkeit auf15.000 m Höhe undBeschleunigung auf Mach 2,0:	4 min
Dienstgipfelhöhe:	18.000 m
Einsatzradius mit zwei 1700 Liter Zusatztanks und 1000 kg Waffenlast:	1500 km
Überführungsreichweite:	3335 km
Startrollstrecke mit normaler Startmasse:	450 m
g-Belastung normal:	+9
g-Belastung maximal:	+13,5

Bewaffnung: Zwei 30 mm DEFA Maschinenkanonen. An fünf Aufhängestation unter dem Rumpf und vier unter den Tragflächen können in verschiedenen Kombinationen bis zu zwei Matra Magic 2 und vier Matra Mica Luft-Luft-Lenkwaffen, sowie verschiedene weitere Bomben-Raketen mitgeführt werden.

Erstflug:	24. Oktober 1990

Die erste Serienmaschine der Rafale B. Heute wird diese Ausführung mit Rafale F2 bezeichnet.

Die Dassault Rafale A ist ein Erprobungsflugzeug (Avion de Combat Experimentale) für das neue französische Kampfflugzeug ACT (Avion de Combat Tactique), das als Ersatz für die Dassault Super Etendard und die Vought F-8 Crusader der Marine und die Mirage III, Mirage 5, Mirage F.1 und den Jaguar bei den Luftstreitkräften vorgesehen ist. Sie wurde als reines Versuchsflugzeug entwickelt, um die entsprechenden Triebwerke, die Ausrüstung und die Bewaffnung im Vorfeld der Entwicklung des Serienflugzeugs festzulegen. Als Vorgaben waren zu erfüllen: Eine Waffenlast von mindestens 3500 kg, mindestens sechs Luft-Luft-Lenkwaffen, Einsatzradius von 650 km. Ausgerüstet wurde die Rafale A zuerst mit zwei General Electric F404-GE-400 mit je 68,6 kN. Die Entscheidung für den Bau des Erprobungsträgers fiel bei Dassault Anfang 1983.

INFO ▶ Die Rafale gehört zu den Kampfflugzeugen der vierten Generation. Die einsitzige Version für die französische Luftwaffe wird nicht gebaut. Der Serienbau ist angelaufen, jedoch noch kein Flugzeug an ein aktives Geschwader ausgeliefert.

Zwei Serienversionen

Während der Entwicklung der Rafale A entschieden sich Deutschland, Frankreich, Großbritannien, Italien und Spanien im Dezember 1983 bei dem Programm für ein neues Kampfflugzeug für die neunziger Jahre zusammenzuarbeiten. Alle Erfahrungen, die mit der Rafale A und dem britischen EAP (Experimental Aircraft Programme) gemacht worden waren, wurden berücksichtigt. Im Juli 1985 schied Frankreich jedoch wieder aus, da das neue Flugzeug nach Meinung von Dassault zu groß und zu schwer sei.

Am 4. Juli 1986 startete die Rafale A zu ihrem Erstflug, wobei sie eine Geschwindigkeit von Mach 1,3 erreichte. Beim sechsten Flug überschritt die Maschine Mach 1,8.

Wie schon erwähnt, wurde der Einsatz der Rafale sowohl bei der Armée de l'Air wie auch bei der Aéronavale vorgesehen, so daß es bei der Serienfertigung zwei Versionen geben wird: die ACT-Version (Avion de Combat Tactique) entsprechend den Vorstellungen der Armée de l'Air und die ACM-Version (Avion de Combat Marine) nach denen der Aéronavale. Aus diesem Grund wurde die Rafale A so modifiziert, daß sie am 30. April 1987 einige Landeanflüge auf den Träger Clemenceau durchführen konnte.

Eine Landung fand allerdings nicht statt. Später wurde die Rafale A auf zwei SNECMA M88-2 mit einem Standschub von je 72,96 kN mit Nachbrenner umgerüstet. Mit diesen Triebwerken wurde die Erprobung ab dem 27. Februar 1990 fortgeführt. Den 865. und gleichzeitig letzten Flug absolvierte die Rafale A am 24. Januar 1994.

Delta-Canard-Konzept

Wie bei Dassault üblich, wurde die Rafale mit Deltaflügel ausgelegt. Außerdem verfügt sie über Canards zur Erhöhung der Wendigkeit. Die kleinen nierenförmigen Lufteinläufe sind tief am Rumpf angesetzt.

Beim Bau der Maschine werden modernste Kunststoffe und neuartige Legierungen eingesetzt. Fast der gesamte Rumpf und die Tragflächen sind aus Verbundwerkstoffen

Die Rafale B01 bei der Flugerprobung. Mit den Außenlasten gibt sie ein eindruckvolles Bild.

Die Marineversion Rafale M01 während der Erprobung an Bord des Flugzeugträgers Foch.

hergestellt. Es wird sehr viel KFK-Karbonfaserkunststoff verwendet. Der Bug und das Heck sind aus Kevlar. In besonders beanspruchten Bereichen gelangt Titan zum Einsatz.

Im Bug ist das zweidimensionale Bordradar GIE RBE 2 eingebaut, das über eine Antenne mit elektronischer Strahlschwenkung verfügt. Mit diesem Radar können gleichzeitig mehrere Ziele bekämpft und Flugzeuge in enger Formation unterschieden werden.

Das Cockpit wurde entsprechend den neuesten ergonomischen Erkenntnissen ausgelegt. Zum Einbau kommt ein Martin-Baker Mk.10 Schleudersitz, der um 35 Grad nach hinten geneigt ist. Für die Anzeige der Daten verfügt der Pilot über fünf Bildschirme von Sextant Avionique sowie ein holografisches Weitwinkel Head-Up-Display mit einem Sichtfeld von 30 x 22 Grad. Die Maschine ist mit Fly-by-wire Flugsteuerung ausgerüstet mit HOTAS Funktion.

Gesteuert wird sie mit zwei kleinen Knüppeln auf den Seitenkonsolen, wobei der Schubhebel sich links befindet. Auf den Steuerknüppeln sind Knöpfe und Schalter für 36 Funktionen untergebracht. Links und rechts auf dem Instrumentenbrett sind zwei 12,6 x 12,5 cm große Bildschirme eingebaut, auf denen die Daten der Flugzeugsysteme und zur Bewaffnung angezeigt werden.

Für den Einsatz auf Flugzeugträgern mußte die Zelle der Rafale F1 stellenweise verstärkt werden, das Fahrgestell und der Fanghaken sind neu. Die Rüstmasse der Rafale F1 ist rund 600 kg höher als bei der Rafale F2.

Erste Trägerlandung

Von der Serienausführung der Rafale wurden vier Prototypen gebaut. Diese Maschinen sind kleiner und leichter als der Erprobungsträger Rafale A. Als erstes flog der Prototyp der einsitzigen Rafale C am 19. Mai 1991. Ihm folgte am 12. Dezember 1991 die Marineversion Rafale M, die am 19. April 1993 zum ersten Mal auf einem Flugzeugträger landete. Der erste Doppelsitzer, die Rafale B, flog am 30. April 1993. Der vierte

Prototyp, die Rafale M 02 absolvierte ihren Jungfernflug am 8. November 1993.

1997 wurden die Bezeichnungen für die Rafale geändert. Der bordgestützte Abfangjäger wird jetzt mit Rafale F1 (früher Rafale M) bezeichnet, das zweisitzige Mehrzweckkampfflugzeug der französischen Luftwaffe mit Rafale F2 (früher Rafale B).

Die Rafale F1 wird in ihrer Basisausrüstung für den Abfangeinsatz ausgerüstet sein. Dazu stehen ihr als Bewaffnung eine 30 mm Kanone DEFA 554 von GIAT-DEFA, der Infrarot-Luft-Luft-Lenkflugkörper Matra Magic 2 sowie bis zu acht Mica Luft-Luft-Lenkwaffen mit Radarsuchkopf zur Verfügung. Die Maschine ist mit IFF (Freund-Feind-Kennung) ausgerüstet. Eine spätere Version mit geänderter Software soll den Einsatz der Mica mit Infrarotsuchkopf erlauben und einen Datenaustausch mit der Northrop Grumman E-2C Hawkeye ermöglichen. Geplant ist eine Beschaffung von 60 Rafale F1 für die Aéronavale, die ab 2001 auf dem Flugzeugträger "Charles de Gaulle" in Dienst gestellt werden sollen.

Für die Armée de l'Air sollen 235 Rafale F2 angeschafft werden. Die Indienststellung soll aber frühestens 2002 erfolgen. Diese Flugzeuge sollen neben ihrer Fähigkeit für Abfangeinsätze noch Tiefstflugeinsätze durchführen und Abstandswaffen (lasergelenkte Bomben) einsetzen können. Auch hier ist für später eine Kampfwertsteigerung geplant, so soll unter anderem das Helmvisier Topsight von Sextant Verwendung finden, mit dem sich vor allem bei der Zielzuweisung von Luft-Luft-Lenkwaffen neue Möglichkeiten ergeben. Außerdem soll die Maschine für Aufklärungseinsätze ausgerüstet werden und atomare Marschflugkörper einsetzen können.

Hersteller:	Dassault, Frankreich
Verwendung:	Mehrzweck-Kampfflugzeug
Besatzung:	2
Triebwerk:	Zwei Mantelstromtriebwerke SNECMA M88-2 mit je 48,7 kN (4966 kp) Standschub ohne und 72,9 kN (7438 kp) mit Nachbrenner

Abmessungen und Leistungen:	
Länge:	15,30 m
Höhe:	5,18 m
Spannweite mit Lenkwaffen an den Flügelspitzen:	10,90 m
Flügelfläche:	45,0 m2
Rüstmasse:	8600 kg
maximale Außenlast:	9500 kg
normales Startgewicht bei Luftüberlegenheitseinsatz:	14.000 kg
maximale Startmasse:	21.500 kg
interner Kraftstoffvorrat:	4500 kg
maximaler Kraftstoffvorrat in Zusatztanks:	7500 kg
Höchstgeschwindigkeit in 11.000 m Höhe:	2124 km/h
Höchstgeschwindigkeit in Meereshöhe:	1390 km/h
Anfluggeschwindigkeit:	220 km/h
Dienstgipfelhöhe:	16.765 m
Steiggeschwindigkeit:	350 m/sek
Startstrecke:	400-600 m
Landestrecke:	450 m
Einsatzradius bei Abfangein-sätzen mit acht Mica Luft-Luft-Lenkwaffen, einem Zusatztank mit 1700 Liter und zwei mit 1300 Liter:	1853 km
Einsatzradius bei einem Ein-satzprofil hoch-tief-hoch mit 12.250-kg Bomben, vier Mica-Lenkwaffen und Zusatztanks mit insgesamt 4300 Liter:	1093 km
Bewaffnung: Eine 30 mm DEFA-791 Maschinenkanone, an 14 Aufhängepunkte können bis maximal 8000 kg Waffenlast mitgeführt werden. Acht Matra 530 Magic, AIM-9 Sidewinder, ASRAAM, zwölf Matra Mica, sieben Hughes AMRAAM, fünf Exocet oder Penguin 3 oder Harpoon, fünf ALARM oder HARM, vier Maverick sowie verschiedene Bomben	
Erstflug:	30. April 1993

Kampfwertgesteigerte Super Etendard beim Abnahmeflug.

Als die NATO 1954 einen leichten Jagdbomber forderte, der im Ernstfall auch von Graspisten aus eingesetzt werden konnte, beteiligten sich nur Frankreich und Italien an der Ausschreibung. Frankreich beteiligte sich mit der Bréguet 1001 Taon und der Dassault Etendard und Italien mit der Fiat G.91, die auch den Wettbewerb gewann.

Die Dassault Etendard wurde dann das Ausgangsmuster für ein neues Kampfflugzeug der Aéronavale, die Etendard IV, von der als leichtes Jagdflugzeug und Jagdbomber Etendard IVM 69 Maschinen und als Aufklärer und Tanker mit der Bezeichnung Etendard IVP 20 Flugzeuge bestellt wurden. Die Auslieferung erfolgte zwischen 1961 bis 1965.

Von der Etendard IVM gab es zusätzlich noch sechs Prototypen, von der Etendard IVP

INFO ▶ Als Kampfflugzeug für die französischen Marineflieger wurde die Super Etendard 1978 in Dienst gestellt. Ihre Entwicklung basiert auf der Etendard. Argentinien setzte die Super Etendard im Falklandkrieg ein, wo ihr die Versenkung von zwei britischen Schiffen gelang.

einen Prototyp. Der Prototyp der Etendard IV-01 absolvierte am 24. Juli 1956 mit Georges Brian im Cockpit seinen Erstflug.

Als Nachfolger für die Etendard IVM war die SEPECAT Jaguar M vorgesehen, aber Dassault konnte sich durchsetzen und so wurde eine modifizierte Version der Etendard IVM, die Super Etendard, in Auftrag gegeben. Drei Etendard IVM wurden zu Prototypen für die Super Etendard umgebaut. Die erste Maschine erhielt einen modifizierten Rumpf. Die Tragflächen blieben unverändert. Sie flog erstmals am 28. Oktober 1974. Die zweite Maschine entsprach dem ersten Prototyp, war jedoch mit der kompletten neuen Avionik ausgerüstet. Der Erstflug erfolgte am 28. März 1975. Der dritte Prototyp absolvierte seinen Erstflug bereits am 9. März 1975. Bei jenem wurde der Rumpf der Etendard IVM beibehalten. Dieser war jedoch mit neuen Tragflächen mit überarbeiteten Doppelspaltklappen und Nasenklappen zur Erhöhung der Startmasse ausgerüstet.

Klappbare Flügel

Nach dem Abschluß der Grunderprobung wurden die Tragflächen des dritten Prototyps mit dem modifizierten Rumpf eines der beiden ersten Prototypen zusammengebaut. Diese Maschine absolvierte ihren Jungfernflug am 3. Oktober 1975.

Bei der Super Etendard handelt es sich um eine Konstruktion in Halbschalenbauweise aus Ganzmetall. Die Tragflächen sind am Mittelrumpf befestigt und weisen eine Pfeilung 45 Grad auf. Die äußeren Tragflächenabschnitte können hochgeklappt werden, wodurch sich die Spannweite um 1,80 m verkürzt.

Im Bug ist das Monopulsradar Agave von Thomson-CSF/Dassault untergebracht. Es kann im Luft-Boden-Betrieb ein Schiff in einer Entfernung von rund 110 km erkennen oder im Luft-Luft-Betrieb ein Flugzeug in 28 km orten. Das Trägheitsnavigations- und Angriffssystem ETNA stammt von SAGEM/Kearfott. Außerdem sind das VE-120 Head-Up-Display von Thomson-CSF sowie ein TRT Funkhöhenmesser und eine LMT TACAN-Anlage eingebaut. Als Antrieb wurde das SNECMA Atar 8K50 ohne Nachbrenner ausgewählt. Die anfälligen Teile des Triebwerks verfügen über einen besseren Korrosionsschutz als bei landgestützten Flugzeugen.

Anti-Schiff-Bewaffnung

Neben zwei 30-mm-DEFA 552A Kanonen mit je 122 Schuß können noch die verschiedensten Lenkflugkörper mitgeführt werden.

Super Etendard mit ausgefahrenen Luftbremsen bei der Landung.

Super Etendard kurz vor dem Aufsetzen auf dem Flugdeck des Flugzeugträgers Foch.

Dazu gehört auch der Anti-Schiffs-Lenkflugkörper Aérospatiale AM.39 Exocet mit einer Reichweite von bis zu 70 km. Die Exocet wird unter der rechten Tragfläche aufgehängt. Als Gewichtsausgleich dient ein abwerfbarer 1100 Liter Zusatztank unter der linken Tragfläche. An der zentralen Rumpfstation besteht noch die Möglichkeit eine AN.52-Atombombe mitzuführen. Seit 1988 kann die trägheitsgesteuerte atomare Abstandswaffe Aérospatiale ASMP mit einer Reichweite von 100 km eingesetzt werden. Die ASPM wird an der gleichen Station wie die Exocet aufgehängt. Insgesamt 53 Super Etendard wurden für den Einsatz mit ASMP umgerüstet. Zur Selbstverteitigung stehen Philips-Matra Phimat Düppelbehälter an der Außenstation der rechten Tragfläche und ein Matra Sycomor Leuchtkörperwerfer an der Außenstation der linken Tragfläche zur Verfügung.

Die erste Serienmaschine startete am 24. November 1977 in Bordeaux zu ihren Erstflug. Geplant war die Beschaffung von 100 Flugzeugen. Auf Grund der steigenden Kosten wurden dann aber nur 71 Super Etendard in Dienst gestellt. Die Aéronavale erhielt ihre erste Maschine am 28. Juni 1978. Als erster Einsatzverband wurde die 11F mit der Super Etendard ausgerüstet, wo die erste Maschine am 4. September 1978 eintraf. Bereits ab dem 4. Dezember 1978 beteiligte sich ein Kommando dieser Staffel im Rahmen der Truppenerprobung an einem Einsatz an Bord des Flugzeugträgers Clémenceau. Als nächstes erhielten die 14F und 17F das neue Flugzeug. Bis 1983 wurde die Auslieferung abgeschlossen. Da nicht die ganze Anzahl der erforderlichen 100 Flugzeuge übernommen werden konnten, verblieben die mit dem Aufklärer Etendard IVP ausgerüstete 16F und die 12F mit der Vought F-8E(FN) Crusader im Dienst.

Die französischen Super Etendard sind regelmäßig an Bord der Flugzeugträger Clémenceau und Foch stationiert.

14 Super Etendard konnten an die argentinische Marine verkauft werden, von denen

fünf mit der Anti-Schiffs-Lenkwaffe AM.39 Exocet ausgerüstete Maschinen bei Ausbruch des Falklandkrieges am 2. April 1982 ausgeliefert waren. Hier kam es dann auch zu den ersten Kampfhandlungen, an denen Super Etendard beteiligt waren. Am 4. Mai 1982 wurde die britische Fregatte HMS Sheffield versenkt und am 25. Mai das Containerschiff MV Atlantic Conveyor. Beide Flugzeuge gehörten zur 2. Escuadrilla Aeronavale de Caza y Ataque der 3. Escuadra Aeronaval. Beide Maschinen starteten vom Stützpunkt Rio Grande. Während des Krieges hatte Frankreich die Lieferung der restlichen Flugzeuge gestoppt. Die Auslieferung wurde Ende 1982 fortgesetzt. Erstmals landete eine Super Etendard am 18. April 1983 auf dem argentinischen Flugzeugträger Veinticinco de Mayo.

Einsatz im Falklandkrieg

Der irakischen Luftwaffe wurden im Oktober 1983 fünf Super Etendard (65 bis 69) zusammen mit einer größeren Anzahl Exocet Anti-Schiffs-Lenkwaffen leihweise bis zur Lieferung der Mirage F.1EQ mit Exocet-Raketen überlassen. Diese Flugzeuge wurden im Krieg gegen den Iran eingesetzt, damit Angriffe gegen Tankschiffe mit iranischem Rohöl im Persischen Golf durchgeführt werden konnten. Frankreich bildete 30 irakische Piloten und Techniker aus. Der erste Angriff richtete sich am 27. März 1984 gegen einen griechischen Tanker, der beschädigt wurde. Es folgten weitere 50 bestätigte Angriffe gegen Tankschiffe, an denen die Super Etendard erheblichen Anteil hatten.

Hersteller:	Dassault, Frankreich
Verwendung:	Kampfflugzeug
Besatzung:	1
Triebwerk:	Ein Strahltriebwerk SNECMA Atar 8K-50 mit 49,04 kN (5000 kp) Standschub

Abmessungen und Leistungen:

Länge:	14,31 m
Höhe:	3,86 m
Spannweite:	9,60 m
Spannweite gefaltet:	7,80 m
Flügelfläche:	28,43 m2
Rüstmasse:	6500 kg
maximale Waffenlast:	2100 kg
normale Startmasse:	9450 kg
maximale Startmasse:	12.000 kg
interner Kraftstoffvorrat:	3270 Liter
Höchstgeschwindigkeit in 11.000 m Höhe:	1380 km/h
Höchstgeschwindigkeit in Meereshöhe:	1180 km/h
Dienstgipfelhöhe:	13.700 m
Steiggeschwindigkeit:	100 m/sek
Einsatzradius mit einer AM.39 Exocet und zwei Zusatztanks, Hoch-Tief-Hoch:	850 km

Bewaffnung: Zwei 30-mm-DEFA-Kanonen mit je 125 Schuß; zwei AM.39-Exocet-Lenkflugkörper oder eine AN.52-Atombombe sowie Sidewinder- oder Matra Magic-Luft-Luft-Lenkflugkörper an vier Aufhängepunkten unter den Tragflächen

Erstflug:	29. Oktober 1974

EurofighterEF2000 Typhoon

Der italienische Prototyp des Eurofighter, die DA7, während der Flugerprobung.

Der Eurofighter ist eine Gemeinschaftsentwicklung von Deutschland, Großbritannien, Italien und Spanien. Im Mai 1988 wurde die Entwicklung des EFA (European Fighter Aircraft) beschlossen. Im November 1988 stieß dann Spanien hinzu.

Steigende Kosten und politische Auseinandersetzungen verzögerten das Programm um mehrere Jahre. Zunächst war die Fertigung von 765 Flugzeuge geplant. In der Zwischenzeit wurde die Anzahl aber auf 620 Einheiten reduziert. Großbritannien wird 232 Flugzeuge übernehmen, Deutschland 180, Italien 121 und Spanien 87.

> **INFO ▶ Die enormen Kosten zwingen die Hersteller immer mehr zur Kooperation. So auch bei der Entwicklung des neuen europäischen Jagdflugzeuges, des Eurofighter 2000, wo sich England, Italien, Deutschland und Spanien zusammengeschlossen. Die sieben Prototypen haben in der Zwischenzeit über 1000 Flugstunden absolviert. Der Beginn der Auslieferung der Serienflugzeuge ist ab dem Jahr 2000 geplant.**

Serienauftrag

Für die Erprobung wurden sieben Prototypen gebaut, zwei davon als Doppelsitzer. Die ersten beiden Prototypen erhielten als Antrieb noch das Turbo Union RB199, wurden aber später auf das neu entwickelte Triebwerk Eurojet EJ200, dessen erster

Probelauf bereits im November 1988 erfolgt war, umgerüstet.

Im Sommer 1998 erhielt der Eurofighter EF2000 den Namen "Typhoon".

Im Januar 1998 wurde ein Rahmenvertrag abgeschlossen, der 620 Flugzeuge abdeckt. Fest bestellt ist bis jetzt das erste Los mit 148 Flugzeugen und 363 Triebwerken. Dieser Vertrag wurde am 18. September 1998 in München unterzeichnet.

Im Herbst 2000 wurde mit der Endmontage des ersten Serienflugzeugs begonnen. Insgesamt sollen fünf Flugzeuge für die Truppenerprobung eingesetzt werden. Die ersten Einsatzflugzeuge werden voraussichtlich 2003 zur Verfügung stehen.

Vier-Nationen-Programm

Der erste Prototyp DA1 mit den Testkennzeichen 98+28 absolvierte mit Peter Weger im Cockpit seinen Erstflug am 27. März 1994 in Manching. Hergestellt wurde er bei der Deutsche Aerospace (DASA) in Manching. Gleichzeitig mit der Umrüstung auf das EJ200 wurde ein Martin-Baker Mk.16 Schleudersitz eingebaut. Er steht für die Triebwerksentwicklung, die Erprobung der Flugeigenschaften und für Roll- und Bremsversuche zur Verfügung. Der zweite Prototyp DA2 mit den Kennzeichen ZH588 flog zum ersten Mal am 6. April 1994 in Warton. Testpilot war Chris Yeo. Hersteller ist British Aerospace (BAe). Der DA2 wird für die Ermittlung des Flugbereichs und für Triebwerktests eingesetzt.

Die ZH588 wurde nachträglich mit einer Luftbetankungssonde und einen Notaggregat für die Triebwerke ausgerüstet.

Der dritte Prototyp DA3 wurde bei Alenia in Italien gebaut. Er startete mit Napoleone Bragagnolo am 4. Juni 1995 in Caselle zu seinem Erstflug. Er führt das Kennzeichen MM X-602. Diese Maschine war als erste mit dem EJ200 ausgerüstet und wird für die Integration des Triebwerks, Außenlastabwurf und Schießversuche mit der Kanone eingesetzt. Zuletzt wurden Versuche mit Zusatztanks durchgeführt, wobei mit zwei 1000 Liter Tanks Überschallgeschwindigkeit erreicht wurde. Der vierte Prototyp DA4 war der erste Doppelsitzer. Gebaut wurde er bei BAe und flog mit Derek Reeh als letzter der sieben Prototypen am 14. März 1997. Seine Aufgaben sind die Ermittlung der Flugeigenschaften des Doppelsitzers sowie die Integration und Entwicklung des Radars. Für den fünften Prototyp DA5 (98+30) war wieder die DASA verantwortlich. Den Erstflug führte Wolfgang Schirdewahn am 24. Februar 1997 durch. Aufgabengebiet des Flugzeuges ist die Avionikintegration,

Die beiden englischen Prototypen, vorne die DA2, hinten der Doppelsitzer DA4.

Kurz nach der Taufe auf den Namen „Typhoon" wird der deutsche Prototyp DA5 auf der Farnborough Air Show vorgeführt.

Radartests und Waffensystemintegration, Die DA5 war der erste Prototyp mit den neuen ECR90-Radar, allerdings noch mit der Entwicklungs-Software. Sie erhielt inzwischen eine neue Avionik.

Der sechste Prototyp DA6 und gleichzeitig der zweite Doppelsitzer mit der Seriennummer XCE.16-01 der spanischen Luftwaffe wurde bei CASA in Getafe gebaut. Seinen Jungfernflug führte Alfonso de Miguel Gonzalez am 31. August 1996 durch. Mit diesem Flugzeug wird die Avionik- und Systemerprobung für die Doppelsitzer durchgeführt. Seitdem erhielt es ebenfalls eine neue Avionik sowie das Radar.

Der siebte Prototyp DA7 (MM X-603) entstand wieder bei Alenia. Seinen Erstflug führte Napoleone Bragagnolo am 27. Januar 1997 in Caselle bei Turin durch. Seither

awurde er für die Ermittlung der Leistungs- und zur Waffenintegration eingesetzt. Darunter waren auch Versuche mit der neuen Mittelstrecken-Luft-Luft-Lenkwaffe AIM-120. Die Waffenintegration und die Versuche mit Außenlasten werden in Decimomannu auf Sardinien durchgeführt.

An einer Bruchzelle wurden statische Versuche durchgeführt und seit 1993 liefen bei der IABG in Ottobrunn die Ermüdungstests, bei denen 18.000 simulierten Flugstunden auf dem Programm standen. Diese Tests wurden am 4. September 1998 erfolgreich abgeschlossen. Damit wurde eine Lebensdauer von 6000 Stunden, was ungefähr 30 Jahren entspricht, nachgewiesen. Bei den Tests registrierten 450 Sensoren an über 70 Stellen die Reaktion der Zellenstruktur auf die Belastungen.

Das Eurojet EJ200-Triebwerk mit dem 01-Standard wird durch das schubstärkere 03A abgelöst. Die Piloten sind sich sicher, daß der Eurofighter ausgerüstet mit sechs Lenkflugkörpern mit diesem Triebwerk auch ohne eingeschalteten Nachbrenner Überschallgeschwindigkeit erreichen werden.

Export-Chancen

Neben den vier Partnerländern stehen die Chancen für die Einführung des Eurofighters EF2000 Typhoon bei den Luftwaffen von Norwegen und Griechenland gut.

Norwegen benötigt 20 Flugzeuge (plus 10 als Option) als Ersatz für die Northrop F-5. Die Umrüstung soll 2003 beginnen. Als Konkurrent steht nur noch die Lockheed Martin F-16 Block 50N Fighting Falcon im Wettbewerb. Griechenland plant die Beschaffung von 60 bis 80 Flugzeugen ab 2005. Hier standen aber noch die Boeing F-15 Eagle, die Lockheed Martin F-16, die Mirage 2000 und die Suchoj Su-27/30 in der Auswahl, wobei die griechische Luftwaffe die Lockheed Martin F-16 und die Mirage 2000 bereits im Einsatz hat.

Für die Jahre 2005 bis 2025 wird ein Markt in dieser Klasse von Kampfflugzeuge von rund 800 Einheiten geschätzt. Eurofighter hofft, dabei 400 Flugzeuge verkaufen zu können.

Neue Varianten des EF2000 werden auch schon untersucht, dazu gehört die Ausrüstung mit Schubvektordüsen, konforme Zusatztanks links und rechts am Rumpf über den Tragflächen und eine Marineversion für die neuen Flugzeugträger der Royal Navy.

Hersteller:	Eurofighter EFA
	Alenia; Italien
	British Aerospace;
	Großbritannien
	CASA; Spanien
	DASA; Deutschland
Verwendung:	Abfang- und Luftüberlegenheitsjagdflugzeug
Besatzung:	1
Triebwerk:	Zwei Mantelstromtriebwerke Eurojet EJ200 mit je 60 kN (6100 kp) Standschub ohne und 90kN (9185 kp) mit Nachbrenner

Abmessungen und Leistungen:

Länge:	15,96 m
Höhe:	5,28 m
Spannweite:	10,95 m
Flügelfläche:	50,00 m2
Rüstmasse:	10.995 kg
interner Kraftstoffvorrat:	4000 kg
maximale Waffenlast:	6500 kg
normale Startmasse:	15.300 kg
maximale Startmasse:	23.000 kg
Maximale Reisegeschwindigkeit:	1900 km/h
Höchstgeschwindigkeit in 11.000 m Höhe:	2020 km/h
Minimalgeschwindigkeit:	203 km/h
Dienstgipfelhöhe:	16.765 m
Steiggeschwindigkeit:	213 m/sek
Startrollstrecke:	500 m
Einsatzradius bei Abfangeinsatz mit je zwei Luft-Luft-Lenkwaffen AIM-120 und AIM-132 sowie Außentanks:	1390 km
Überführungsreichweite mit zwei Außentanks:	3700 km
Bewaffnung: Eine 27-mm-Kanone Mauser im Rumpf sowie sechs Kurzstrecken-Luft-Luft-Lenkwaffen AIM-132 und vier Mittelstrecken-Luft-Luft-Lenkwaffen AIM-120	
Erstflug:	27. März 1994

Fairchild A-10 Thunderbolt II

Kurz vor der Auflösung der 81st TFW wurde die A-10A noch in einem hellgrauen Tarnanstrich aufgenommen.

Die Fairchild A-10 wurde auf Grund der Erfahrungen in Vietnam zur Luftnahunterstützung (Close Air Support) gegen gepanzerte Ziele entwickelt. Dort zeigte es sich, daß die überschallschnellen Kampfflugzeuge für dies Aufgabe nicht geeignet sind.

INFO ▶ Die A-10A Thunderbolt II wurde als reines Erdkampfflugzeug entwickelt, das sich auch besonders gut zum Einsatz gegen bewegliche gepanzerte Ziele eignet. Die Triebwerke wurden relativ hoch angesetzt, somit werden sie durch das Leitwerk zum Teil gegen Lenkwaffen mit Infrarotsuchkopf geschützt. Einige A-10A werden als OA-10A für die vorgeschobene Luftraumüberwachung eingesetzt.

Die A-10A ist ein freitragender Tiefdecker mit doppeltem Seitenleitwerk. Das Cockpit ist relativ hoch angeordnet, so daß der Pilot eine gute Sicht nach allen Seiten hat. Die einteilige Cockpithaube wird nach hinten oben geöffnet. Der Pilot wird von einer 38 mm dicken Titanpanzerung geschützt, die von 23 mm Geschossen nicht durchschlagen werden kann. Das Flügelmittelstück weist eine konstante Profiltiefe und -dicke auf. Ab den beiden in die Flügel eingelassenen Verkleidungen für das Hauptfahrwerk haben die Außenflügel eine positive V-Stellung von 7 Grad. Die Flügelspitzen sind nach unten abgewinkelt, was dem Flugzeug eine bessere Stabilität beim Langsamflug gibt. Das Hauptfahrwerk wird nicht ganz in die Verkleidungen eingefahren und schützt so die Zelle bei Notlandungen.

Die Position der beiden Triebwerke ist ungewöhnlich. Sie sind beidseitig oben am Rumpf zwischen Tragflächen und Leitwerk angeordnet. Dadurch werden die Triebwerke gegen das Ansaugen von Fremdkörpern beim Start von unbefestigten Plätzen geschützt. Die beiden Triebwerke sind untereinander austauschbar.

Elf Waffenstationen

Das herausragendste Merkmal ist von außen kaum zu erkennen. Es handelt sich hierbei um die siebenläufige 30 mm Kanone GAU-8/A Avenger von General Electric. Diese Kanone hat eine Schußfolge von 4000 Schuß/min. In erster Linie werden panzerbrechende Hartkerngranaten verwendet. Es handelt sich hierbei um PGU-13/B Geschosse, die gegen leicht gepanzerte Ziele eingesetzt werden, und PGU-14/B gegen schwer gepanzerte Ziele. Das Einbaugewicht der Kanone

beträgt 1725 kg. Daneben verfügt die A-10A noch über elf externe Waffenstationen unter dem Rumpf und den Tragflächen. An diesen Aufhängepunkte können Hughes AGM-65B und AGM-65D Maverick Luft-Boden-Lenkwaffen mitgeführt werden. Bei der AGM-65B handelt es sich um eine ferngesteuerte Lenkwaffe, während die AGM-65D mit einen Infrarot-Suchkopf ausgerüstet ist. Außerdem gehören zur möglichen Waffenlast noch Mk.82 und Mk.84 Sprengbomben sowie CBU-87, CBU-52/71 Streubomben und BL 755 Bomben. Für Langstreckenflüge können bis zu drei 2270 Liter Zusatztanks, einer unter dem Rumpf und zwei unter den Tragflächen mitgeführt werden. Auch die ECM-Ausrüstung ALQ-119 wird an den externen Aufhängpunkte untergebracht. Auf der rechten Seite des Rumpfvorderteils wurde

A-10A Thunderbolt der 355th FW auf der Flight-Line in Davis-Monthan AFB.

ein Laser-Zielsuchgerät AN/AAS-35 Pave Penny von Westinghouse zur Erfassung von boden- oder luftgestützten Luftraum-überwachungsposten eingebaut. Für die Selbstverteidigung verfügt die A-10A über den Düppel- und Leuchtkörperwerfer ALE-40.

Konkurrenz mit Northrop

Die USAF arbeitete 1966 eine Spezifikation für ein AX-Flugzeug (Attack-Experimental) aus, das wendig und gegen Beschuß vom Boden unempfindlich war und keinen großen Wartungsaufwand erforderte sowie eine große Waffenlast mitführen konnte. Zum ersten Mal wurde die Ausschreibung im März 1967 veröffentlicht. Nach einer Über-arbeitung der Anforderungen wurden diese neben anderen Zellenherstellern am 7. Mai 1970 auch an Fairchild und Northrop über-geben, die sich mit der YA-10A und der YA-9A an diesem Wettbewerb beteiligten. Der

Eine A-10A Thunderbolt der 917th FG der USAF Reserve im Flug mit einer F-16C.

Auftrag für je zwei Erprobungsflugzeuge wurde am 18. Dezember 1970 erteilt. Die erste YA-10A (s/n 71-1369) absolvierte ihren Erstflug am 10. Mai 1972 in Edwards AFB. Der Pilot war Howard W. Nelson. Die zweite (s/n 71-1370) flog am 21. Juli 1972. Beide Maschi-nen wurden im Oktober 1972 der USAF für die Einsatzerprobung übergeben. Nach dem Abschluß der Erprobung erhielt Fairchild am 18. Januar 1973 den Zuschlag und die Bestel-lung von zunächst zehn Vorserienflugzeu-gen. Diese Bestellung wurde später auf sechs Maschinen gekürzt.

Für den Antrieb wurden zwei Mantelstrom-triebwerke TF34-GE-100 von General Electric ausgewählt. Der erste Standlauf des neuen Triebwerks erfolgte im Juli 1973. Die Erpro-bung wurde 1974 abgeschlossen, so daß bereits die Vorserienflugzeuge damit ausgerüstet werden konnten.

Das erste Vorserienflugzeug (s/n 73-1664) flog am 15. Februar 1975. Die Serienferti-gung wurde von der USAF am 1. April 1975 freigegeben. Die erste Serienmaschine (s/n 75-0258) startete am 21. Oktober 1975 zu ihrem Jungfernflug, der zwei Stunden dauerte.

Einsatz im Golfkrieg

Für die Umschulung wurden die ersten A-10A der 355th TFTW (Tactical Fighter Trai-ning Wing) in Davis-Monthan AFB übergeben. Als erster Einsatzverband rüstete das 354th TFW aus Myrtle Beach AFB im Februar 1977 von der A-7D Corsair II auf die A-10A um. In Europa erhielt die 81st TFW, die in RAF Woodbridge und RAF Bentwaters stationiert war, die A-10A. Teile des Geschwaders waren ständig auf den Flugplätzen der Bundesluftwaffe in Leipheim und Nörvenich stationiert sowie auf der USAFE Basis in Sembach.

Ein Teil der A-10A löste die North American OV-10A bei der vorgeschobenen Luftraumüberwachung (Forward Air Control/FAC) ab. Diese für diese Aufgaben eingesetzten Flugzeuge werden als OA-10A bezeichnet. Einziger Unterschied in der Ausrüstung besteht in der Bewaffnung, da die OA-10A für die Selbstverteidigung AIM-9 Sidewinder und zur Zielmarkierung zwölf LAU-68 Raketenbehälter mitführen kann.

Die ersten Kampfeinsätze mit der A-10A wurden während der Operation Desert Storm im Golfkrieg geflogen. 144 Flugzeuge dieses Typs standen unter dem Kommando der 354th TFW dort im Einsatz. Insgesamt verließen 707 Serienflugzeuge die Fertigung. Die letzte A-10A wurde im April 1984 ausgeliefert.

Fairchild baute den ersten Prototyp zum zweisitzigen Trainer YA-10B um. Der ursprüngliche Auftrag über 14 A-10B wurde aber wieder storniert. Die Startmasse der A-10B erhöhte sich um 680 kg. Später wurde die A-10B zur N/AW A-10 umgerüstet. Dabei handelte es sich um eine zweisitzige Nacht- und Allwetterversion. Die Version flog am 4. Mai 1979 zum ersten Mal. Die Maschine war mit einem Terrainfolge-Radar WX-50 von Westinghouse und einem nach vorne gerichteten Infrarot Gerät (FLIR) AN/AAR-42, dem Trägheitsnavigationssystem LN-39 von Litton und einem Laser-E-Messer von Ferranti ausgerüstet. Obwohl die Erprobung erfolgreich war, wurde die Maschine von der USAF nicht bestellt.

Hersteller:	Fairchild, USA
Verwendung:	Erdkampfflugzeug
Besatzung:	1
Triebwerk:	Zwei Mantelstromtriebwerke General Electric FF34-GE-100 mit je 40,08kN (4D75kp) Standschub

Abmessungen und Leistungen:

Länge:	16,03 m
Höhe:	4,41 m
Spannweite:	16,76 m
Spannweite des Leitwerks:	5,74 m
Spurweite:	5,25 m
Flügelfläche:	45,10 m2
Rüstmasse:	8522 kg
maximale Waffenlast:	8392 kg
interne Treibstoffkapazität:	4853 kg
maximale Startmasse:	22.680 kg
Reisegeschwindigkeit:	555 km/h
Höchstgeschwindigkeit in Meereshöhe:	742 km/h
Steiggeschwindigkeit:	7,62m/sek
Dienstgipfelhöhe:	6950 m
Einsatzradius mit 4300 kg Waffenlast:	480 km
Überführungsreichweite:	4260 km
Startrollstrecke mit maximaler Zuladung:	155 m
Landerollstrecke:	90 m

Bewaffnung: Eine 30-mm-Kanone GAU-8/A und 225-kg Bomben Mk.82, 340-kg Bomben Mk.117, 910-kg Bomben Mk.84, Rockeye-II-Bomben sowie AGM-65 Maverick Luft-Boden-Lenkwaffen

Erstflug:	10. Mai 1972

Zwei F-16A der ägyptischen Luftwaffe überfliegen die Pyramiden von Giseh.

Die Entwicklung eines Leichtbaujägers unter der Modellbezeichnung 401 begann 1971 bei General Dynamics. Die USAF bestellte 1972 zwei Prototypen des nun mit YF-16 bezeichneten Flugzeuges. Der Roll-out der YF-16 s/n 72-01567 fand am

> **INFO ▶ Bei der F-16 handelt es sich um eines der erfolgreichsten Kampfflugzeuge des Jetzeitalters. Der Prototyp der F-16 startete am 2. Februar 1974 zu seinem Erstflug. Bis jetzt sind über 4000 Einheiten gebaut bzw. bestellt. Das Flugzeug wird auch heute noch ständig weiterentwickelt und verbessert und wird noch lange Jahre im Einsatz stehen.**

13. Dezember 1973 statt. Anschließend wurde die Maschine an Bord einer C-5A Galaxy nach Edwards AFB gebracht, wo Testpilot Phil Oestricher Rollversuche durchführte. Während eines Rollversuches am 20. Januar 1974 kam es zu einem unbeabsichtigten Erstflug von 6 Minuten Dauer. Der offizielle Erstflug fand am 2. Februar 1974 statt. Bereits am 11. März wurde Mach 2 erreicht. Den Erstflug des zweiten Prototyps (s/n 72-01568) führte Neil Anderson am 9. Mai 1974 durch. Beide Prototypen absolvierten in der Mustererprobung, die bis zum März 1977 dauerte, in 820 Flügen 975 Flugstunden. Am 15. Januar 1975 wurde die F-16 offiziell als Sieger der ACF- (Air Combat Fighter) Ausschreibung bekanntgegeben. Für das Testprogramm wurden acht F-16, sechs F-16A und zwei F-16B bestellt. Im gleichen Jahr wählten auch Belgien, Dänemark, die

Niederlande und Norwegen die F-16 als Nachfolger für die F-100 und F-104.

Die Produktion der F-16A begann mit den sechs Vorserienflugzeugen s/n 75-0745 bis 75-0750. Gegenüber der YF-16 wurde die Gesamtlänge des Flugzeuges um 33 cm vergrößert. Die Bordkanone M-61 wurde um 61 cm nach hinten versetzt und der Radstand um 28 cm vergrößert. Auch die Flügelfläche, das Höhenleitwerk und das Seitenleitwerk wurden vergrößert.

Export nach Europa

Neu bei der F-16 ist, daß sie über keinen herkömmlichen Steuerknüppel in der Mitte des Cockpits verfügt, sondern über einen kleinen Steuerknüppel auf der rechten Cockpitseite. Die Steuerbefehle werden durch das elektronische Fly-by-Wire-System über Servomotoren auf die Ruder übertragen. Automatische Klappensysteme sorgen dafür, daß der Flügel unter allen Flugbedingungen die jeweils für den Auftrieb günstigste Form annimmt.

Die Auslieferung an die USAF begann am 17. August 1978. Als erstes Geschwader erhielt das 388. TFW in Hill AFB am 6. Januar 1979 die F-16 und löste hier die F-4D ab.

In Europa übernahm als erste Luftwaffe die Force Aérienne Belge im Januar 1979 die F-16. Im Mai folgte die Koninklijke Luchtmacht in den Niederlanden.

Die Kongelige Danske Flyvevabnet, die Kongelige Norske Luftforsvaret und die Heyl haí Avir erhielten ihre ersten Flugzeuge im Januar 1980. Die Flugzeuge für Israel blieben vorerst noch in den USA zur Schulung der Piloten und des Wartungspersonals. Im Juli

Belgien hat heute noch 90 F-16A Fighting Falcon im Einsatz, die im Rahmen des MLU-Programms teilweise modifiziert werden.

Die F-16A der USAF wurden alle an die Air National Guard abgegeben. Die beiden F-16A gehören zur Vermont ANG.

wurden die F-16 von Pease AFB in einem elf Stunden dauernden und über 9656 km führende Flug nach Israel überführt.

Am 21. Juli 1980 erhielt die F-16 offiziell den Namen "Fighting Falcon".

Als erster der außerhalb der USA stationierten Verbände der USAF, erhielt das 8. TFW auf Kunsan AB in Süd-Korea die F-16. Diese Flugzeuge trafen ab dem 26. Juni 1981 in Kunsan ein. Als erstes Geschwader der USAFE in Deutschland rüstete das 50. TFW in Hahn AFB um. Die ersten fünf F-16A/B landeten im September 1981 in Hahn.

Auch das Kunstflugteam der USAF, die "Thunderbirds", tauschten im November 1982 ihre Northrop T-38 Talon gegen die "Fighting Falcon" ein.

Im Juli 1983 wurde die 1000. F-16 (s/n 82-0926) ausgeliefert. Das Flugzeug ging an das 388. TFW. Als erste AFRES-Staffel rüstete die 466. TFS in Hill AFB auf die F-16 um.

Neues Avionik-Paket

Anfang 1986 hatten alle im Einsatz befindlichen F-16 bereits über eine Million Flugstunden absolviert, ca. 66 Prozent davon durch die Flugzeuge der USAF. Die Einsatzbereitschaft lag dabei bei 91,3 Prozent .

Um den Einsatz der F-16A/B bis etwa zum Jahr 2010 gewährleisten zu können, müssen 533 Flugzeuge modernisiert werden. Am meisten betroffen davon sind Dänemark, Holland und Norwegen. Die im Rahmen des MLU-Programms (Mid-Life-Update) entwickelten

Umrüstsätze werden seit 1996 eingebaut. Das Kernstück der Modernisierungsmaßnahmen ist ein umfangreiches Avionik-Paket. Es beinhaltet ein APG-GGV-Radar von Westinghouse, neue Bildschirme und ein Weitwinkel Headup-Display. Zur genauen Positionsbestimmung kommt außerdem noch ein Global Positioning System (GPS) zum Einbau.

1991 stand die Stillegung eines Großteils der F-16-Flotte der USAF wegen massiver Rißbildung an. Betroffen davon waren sämtliche 694 Flugzeuge der beiden Baulose Block 10 und 15. Für die Rißbildung wurde hauptsächlich das gestiegene Gewicht des Flugzeuges während seiner Einsatzdauer verantwortlich gemacht. Die gleiche Struktur, die bei der Einführung der Block-15-Serie für eine Masse von 10.190 kg ausgelegt war, mußte jetzt 12.190 kg aushalten. Diese Gewichtszunahme geht im wesentlichen auf Avionik-, Triebwerks-und Strukturänderungen zurück.

Luftverteidigungs-Version

Als erste F-16B flog die s/n 75-0751 mit Neil Anderson und Phil Oestricher am 8. August 1977. Der Flug verlief so erfolgreich, daß am selben Tag noch ein zweiter Flug angesetzt wurde, bei dem bereits Mach 1,2 und eine Höhe von über 9100 m erreicht wurde.

Eine weitere Entwicklung entstand 1986 mit dem Air Defense Fighter, der F-16 (ADF). Diese Version verfügte über eine komplett überarbeitete Avionik, Aufhängepunkte für sechs AIM-7 Sparrow, ein verbessertes Radar und verbesserte IFF- und ECM-Ausrüstung. Außerdem wurde ein Empfänger für die Satellitennavigation eingebaut.

Hersteller:	Lockheed Martin, USA
Verwendung:	Kampfflugzeug
Besatzung:	1
Triebwerk:	Ein Mantelstromtriebwerk Pratt & Whitney F-100-P-100 mit 65,26 kN (6641 kp) Standschub ohne und 106 kN (10.788 kp) mit Nachbrenner

Abmessungen und Leistungen:

Länge:	15,03 m
Höhe:	5,01 m
Spannweite ohne Lenkflugkörper:	9,45 m
mit Lenkflugkörper:	9,75 m
Flügelfläche:	28,87 m2
Flächenbelastung:	533 kg/m2
Spannweite des Höhenleitwerks:	5,49 m
Rüstmasse:	7371 kg
maximale Waffenlast:	6910 kg
Tankinhalt:	3165 kg
Außentanks:	3069 kg
maximale Zuladung:	9276 kg
maximale Startmasse:	16.071 kg
Höchstgeschwindigkeit in Meereshöhe:	1472 km/h
Höchstgeschwindigkeit mit zwei AIM-9 Sidewinder in 11.000 m Höhe:	2020 km/h
Anfangssteiggeschwindigkeit:	315 m/sek
Dienstgipfelhöhe:	16.000 m
Einsatzradius mit sechs Bomben Mk.82 High-Low-High:	1000km
Reichweite beim Luftraumüberwachungseinsatz:	880 km
Reichweite im Tiefflug:	550 km
Überführungsreichweite:	3700 km
Startrollstrecke:	530 m
Bewaffnung:	Eine 20-mm-Revolverkanone M-61A-1 Vulcan mit 512 Schuß und bis zu 4990 kg Außenlasten, verteilt auf neun externe Aufhängepunkte, zwei an den Flügelspitzen, sechs unter den Flügeln und eine Center-Line-Station unter dem Rumpf. Bei reduzierter Treibstoffzuladung können bis zu 6910 kg Außenlasten mitgeführt werden.
Erstflug:	20. Januar 1974

Eine F-117A beim Überflug über einer Wüstenlandschaft.

Erste Studien über Maßnahmen, damit Flugzeuge für das Radar schwerer erfaßbar sind, werden auf Anregung der DARPA (Defense Advanced Research Projects Agency) 1974 durchgeführt. Aufträge für ein Experimental Survivable Testbed (XST) werden im August 1975 an Lockheed und Northrop vergeben. Lockheed kann sich mit seinem Konzept durchsetzen und erhält im April 1976 den Auftrag im Rahmen des Have-Blue-Demonstrationsprogramms zwei Versuchsflugzeuge zu bauen. Das erste Have-Blue-Flugzeuge wurde am 4.November 1976 fertiggestellt. In den "Skunk Works" in Burbank werden die ersten Testläufe mit dem Triebwerk durchgeführt. Als Antrieb wurden zwei CJ610 von General Electric mit einer Leistung von je 1290 kp eingebaut.

Minimales Radarecho

Die erste Have Blue (HB1001) flog im Dezember 1977 von dem geheimen Flugplatz Groom Dry Lake aus. Geflogen wurde die Maschine von Bill Park, einem der Testpiloten von Lockheed. Nach 36 Testflügen ging die Maschine am 4. Mai 1978, nachdem sich ein Fahrwerk verklemmt hatte, verloren. Die zweite Have Blue flog Norman Dyson von der USAF am 20. Juli 1978.

Unter dem Codename Senior Trend erteilte die USAF am 16. November 1978 Lockheed einen Auftrag für die Entwicklung eines

> **INFO ▸ Bei der Lockheed F-117A handelt es sich, so weit bekannt ist, um das erste Stealth-Flugzeug, das den Truppendienst aufgenommen hat. Ihre Feuertaufe erlebte die F-117A bei einem Kampfeinsatz 1989 in Panama. Anschließend kam sie noch im Golfkrieg und im Kosovo zum Einsatz. Es wurden nur 59 F-117A Nighthawk gebaut.**

einsatzfähigen Stealth-Fighters. Der Auftrag beinhaltete fünf Prototypen, zwei Zellen für statische Versuche und 20 Serienflugzeuge. Die gesamte Auslegung war auf minimale Radarechos und Infrarotabstrahlung ausgerichtet. Die Außenkontur der F-117 wurde so konstruiert, daß die gesamte Außenhaut nur aus geraden oder ebenen Oberflächen bestand. Dies bewirkt, daß Radarstrahlen in eine andere Richtung reflektiert werden und nicht mehr zum Radargerät zurückkehren. Auf diese Weise konnte die Radarcharakteristik des Flugzeugs auf einen Bruchteil gesenkt werden.

Für die Serienflugzeuge wurde das zum TL-Triebwerk umgebaute Mantelstromtriebwerk F404 von General Electric in der modifizierten Version F404-GE-F1D2 ohne Nachbrenner verwendet. Um die stark reflektierenden Triebwerke vor der Erfassung durch Radarstrahlen zu schützen, wurde der Lufteinlauf mit einem Metallgitter mit scharfkantigen, keilförmigen Segmenten versehen, die mit radarabsorbierendem Material beschichtet sind. Die Stärke der Segmente liegt mit 15 mm unter der Wellenlänge von Radargeräten, so daß diese wie eine elektromagnetische Barriere wirken. Die heißen Abgase werden hinter dem Triebwerk mit kalter Luft vermischt und somit abgekühlt. Die beiden Austrittsdüsen sind 165 cm breit und 13 cm hoch. Die Unterkante der Düse wurde weiter nach hinten und nach oben gezogen, so das die austretende Luft nach oben abgeleitet wird und vor entsprechenden Sensoren verborgen bleibt. Außerdem wurde ein Teil der Düse mit reflektierenden Keramikkacheln verkleidet, die eine zu hohe Erwärmung verhindern.

Nachteinsätze

Die F-117A wird vor allem in der Nacht gegen Punktziele eingesetzt. Die Standardbewaffnung besteht aus lasergelenkten GBU-10 Paveway II oder GBU-27 Paveway III Bomben. Diese sind in zwei nebeneinanderliegenden

Diese F-117A gehört zum Bestand der 7th FS aus Holloman AFB.

F-117A auf dem Weg zur Startbahn.

Bombenschächten in der Rumpfmitte untergebracht. Weitere Waffen sind noch der Luft-Boden-Lenkflugkörper AGM-65 Maverick, die Anti-Radar-Rakete AGM-88 HARM und die Luft-Luft-Lenkwaffe AIM-9 Sidewinder. Im Prinzip kann die F-117A die gesamte Palette an taktischen Waffen der USAF mitführen.

Strengste Geheimhaltung

Nach einem durch eine gebrochene Hydraulikleitung verursachten Brand stürzte die zweite Have Blue im Juli 1979 ab. Für den späteren Einsatz mit der F-117A wurde am 15. Oktober 1979 in Groom Dry Lake die 4450th Tactical Group aufgestellt. Zum Training stand der Gruppe zunächst die Vought A-7D zur Verfügung. Der erste Prototyp der F-117 absolvierte seinen Erstflug am 18. Juni 1981 mit Hal Farley im Cockpit. Ein halbes Jahr später, am 18. Dezember 1981, startete die zweite F-117 zu ihrem Jungfernflug. Am 20. April 1982 stürzte die erste F-117A aus der Serie beim Start durch einen falsch angeschlossen Steuercomputer ab. Die 4450th

Tactical Group erhält am 23. August 1982 ihre erste F-117A. Ende 1982 verlegt die Gruppe auf ihre neue Basis Tonopah Test Range Airfield in Nevada. Sie erreicht ihre Einsatzbereitschaft am 28. Oktober 1983. Zwei weitere F-117A gehen am 11. Juli 1986 bei Bakersfield in Kalifornien und am 14. Oktober 1987 bei Nellis verloren. Die Existenz der F-117A wird vom Pentagon am 10. November 1988 bestätigt, das erstmals ein Foto der Maschine veröffentlicht. Im Oktober 1989 wird die 37th Tactical Fighter Wing neu aufgestellt und übernimmt die Flugzeuge der 4450th TG.

Zum ersten Kampfeinsatz kommt es am 19./20. Dezember 1989 in Panama. Sechs F-117A fliegen nonstop mit mehreren Luftbetankungen in die Kanalzone und greifen dort die Rio Hato Kasernen an. Am 21. April 1990 wird die Night Hawk auf der Nellis AFB erstmals der Öffentlichkeit vorgestellt. Die 59. und zugleich letzte F-117A wird ausgeliefert. Auf Grund der Golfkrise werden 21 Flugzeuge der 415th TFS unter dem Kommando von Lieutenant Colonel Ralph W. Getchell am 19. August 1990 nach Kamis

Mushait in Saudi-Arabien verlegt. Im Dezember folgt die 415th TFS. Im Januar 1991 eröffnen sie die Angriffe auf Bagdad. Insgesamt kommen 42 Maschinen dort zum Einsatz, wo sie 1271 Kampfeinsätze fliegen.

Im Januar 1992 wird die 37th FW in 49th FW umbenannt und zwischen dem 9. Mai und 7. Juli 1992 zieht das Geschwader von Tonopah nach Holloman AFB in New Mexico um. Am 4. August 1992 stürzt eine F-117A kurz nach dem Start in Holloman ab. Der Pilot kann sich mit dem Schleudersitz retten. Zur Übung "Coronet Havoc" verlegen acht F-117A im Juni/Juli 1993 nach Gilze-Rijen. Dabei ist es auch das erste Mal, daß eine F-117A nach Spangdahlem AB in Deutschland kommt. Eine weiteres Flugzeug stürzt am 10. Mai 1995 bei bei Zuni in New Mexico ab. Der Pilot kann sich nicht retten. Auf Grund eines Wartungsfehler, durch den das linke Elevon ins Flattern geriet, so daß der Flügel abbrach, verliert die USAF am 11. September 1997 bei einer Flugveranstaltung in Baltimore nochmals eine F-117. Dem Pilot gelingt es, sich rechtzeitig aus dem Flugzeug zu schießen.

1976 began man die F-117A mit neuer Avionik ausrüsten. Bei diesem Programm erfolgte der Einbau des "RNIP-Plus"-Navigationssystem von Honeywell. Durch die Verwendung von Laserkreiseln und einem GPS-Empfänger kann die Position des Flugzeugs viel präziser bestimmt werden. Die erste modifizierte Maschine lieferte Lockheed am 22. Januar 1997 aus. Das Navigationssystem soll noch mit zusätzlichen Schnittstellen ausgerüstet werden, so daß auch GPS-gesteuerte JDAM-Bomben und die Abstandswaffe JSOW eingesetzt werden können.

Hersteller:	Lockheed Martin Skunk Works, USA
Verwendung:	Stealth-Kampfflugzeug
Besatzung:	1
Triebwerk:	Zwei TL-Triebwerke General Electric F404-F1D2 von mit je 52,57 kN (5345 kp) Standschub

Abmessungen und Leistungen:

Länge:	20,08 m
Höhe:	3.78 m
Spannweite:	13,20 m
Flügelfläche:	105,9 m2
Rüstmasse:	13.608 kg
maximale Waffenlast:	2268 kg
maximale Startmasse:	23.814 kg
Höchstgeschwindigkeit auf Meereshöhe:	1100 km/h
Höchstgeschwindigkeit auf Einsatzhöhe:	1040 km/h
Anfluggeschwindigkeit:	230 km/h
Einsatzradius ohne Luftbetankung im Hoch-Tief-Hoch-Einsatz mit 2268 kg Waffenzuladung:	1112 km
Bewaffnung:	An Waffenlast kann die gesamten Palette taktischer Waffen der USAF in internen Bombenschächten mitgeführt werden
Erstflug:	18. Juni 1981

131

Ein Prototyp der F-22A bei einer Luftbetankung. Begleitet wird sie von einer F-16B der 412th TS.

Erstmals der Öffentlichkeit vorgestellt wurde die Serienausführung der Lockheed Martin/Boeing F-22 Raptor am 9. April 1997 bei Lockheed Martin. Die F-22A ist ohne jeden Zweifel zur Zeit das modernste Kampfflugzeug, das in allen Bereichen mit modernster Technologie ausgerüstet ist. Es verbindet Stealth-Eigenschaften mit uneingeschränkter Wendigkeit und einfacher Wartung. Geplant ist eine Beschaffung von 438 Flugzeugen bis zum Jahr 2013.

Wie lange heute die Entwicklung eines modernen Kampfflugzeuges dauert, ist auch bei der F-22 klar ersichtlich. Die Anforderungen für dieses Flugzeug wurden bereits Anfang der 80er Jahre aufgestellt. Die F-22 wurde als Nachfolger für die F-15 Eagle in der Luftüberlegenheitsrolle vorgesehen. Sie war die Antwort auf eine Ausschreibung der USAF im Jahre 1984 für ein Jagdflugzeug, das eine Geschwindigkeit von Mach 1,5 ohne Nachbrenner erreichen soll, über gute Stealth- und Kurzstart-Eigenschaften verfügen und eine größere Reichweite als die F-15 haben sollte.

INFO ▸ Bei der F-22 Raptor handelt es sich um ein Stealth-Flugzeug der zweiten Generation. Es wird von Lockheed Martin und Boeing gemeinsam gebaut. Geplant sind 399 Flugzeuge.

Sieg im Wettbewerb

Zwei Firmen beteiligten sich an der Ausschreibung für den neuen "Advanced Tactical Fighter" (ATF). Zum einen war dies Lockheed zusammen mit General Dynamics und Boeing mit der YF-22A und Northrop mit der YF-23A.

Die erste YF-22A (s/n 87-3997/N22YF) wurde von zwei General Electric YF-120 Mantelstromtriebwerken angetrieben. Diese Maschine absolvierte ihren Erstflug am 29. September 1990. Der zweite Prototyp (s/n 87-3998/N22YX) erhielt zwei Pratt & Whitney YF-119 Triebwerke und startete am 30. Oktober 1990 zum Jungfernflug. Auch die zwei YF-23A wurden mit diesen Triebwerken ausgerüstet. Nach einer umfangreichen Erprobung beider Muster fiel am 23. April 1991 die Wahl auf die YF-22A. Bei den Triebwerken gewann Pratt & Whitney die Ausschreibung. Das Konzept der YF-22A wurde auf Grund der vorangegangenen Erprobung grundlegend überarbeitet und das Flugzeug in seinen äußeren Konturen zur Verbesserung der Stealth-Eigenschaften geändert. Die Gesamtlänge der Flugzeugzelle wurde um 0,63 m auf 18,87 m verkürzt. Das Cockpit wurde weiter vorne plaziert. Die Spannweite erhöhte man auf 13,56 m, und die Pfeilung der Tragflügelvorderkante wurde um sechs Grad auf 42 Grad reduziert. Die Lufteinläufe für die beiden Triebwerke um 0,46 m nach hinten verlegt. Das Seitenleitwerk wurde 0,12 m niedriger und die Fläche des Seitenleitwerks verkleinert.

Wie meistens bei neuen Flugzeugtypen gab es in der Anfangsphase bei der Fertigung von Teilen und der Montage des ersten Flugzeugs einige Probleme. Außerdem mußte man auf Grund neuer Erkenntnisse bei den ersten beiden Prototypen Nacharbeiten durchführen.

Die Zelle der F-22 wird zu 16 Prozent aus Aluminium und zu 24 Prozent aus Verbundwerkstoffen hergestellt. Den Hauptanteil hat

Während der ersten Erprobungsflüge wurde die YF-22A meistens von einer F-16B eskortiert.

Die YF-22A kurz nach dem Aufsetzen auf der Landebahn.

Titan mit 39 Prozent. Aluminium und Verbundwerkstoffe werden hauptsächlich beim Rumpfbug verwendet, der bei bei Lockheed Martin in Marietta gefertigt wird. Den Mittelrumpf baut ebenfalls Lockheed Martin, aber in Fort Worth. Die Spanten bestehen aus Titan, für andere Teile werden Aluminium und Karbonfasern eingesetzt. Für das von Boeing gebaute Rumpfheck wird ein großer Anteil aus Titan verwendet. Die Tragflächen, deren Grundstruktur zum größten Teil aus Titan besteht, wird ebenfalls bei Boeing produziert. Für die Beplankung werden Kohlefaserstoffe verwendet. Verbundwerkstoffe werden für die Höhenleitwerke verwendet, während der Grundaufbau der Seitenleitwerke aus Aluminium besteht.

Bei der Endmontage, die bei Lockheed Martin in Marietta durchgeführt wird, gab es beim Zusammenbau der einzelnen Montagegruppen dank des Einsatzes einer computerunterstützten Konstruktion und Fertigung keine größeren Probleme. Hier werden rund 3000 Teile montiert. Das von Pratt & Whitney entwickelte Triebwerk F119-PW-100 hat ohne Nachbrenner ungefähr den doppelten Standschub des F100-PW-100 der F-15. Beim Überschallflug mit Nachbrenner liefert das Triebwerk noch 40 Prozent mehr Leistung. Es ist das erste Mal, daß bei einem Serientriebwerk eine Rechteckdüse mit beweglichen Strahlklappen zur Schubvektorsteuerung verwendet wird.

Lenkwaffen in Schächten

Wie die meisten amerikanischen Flugzeuge ist auch die F-22A mit einer 20-mm M61-Kanone mit 480 Schuß ausgerüstet, die sich auf der rechten Rumpfseite befindet. Um die Stealth-Eigenschaften nicht zu minimieren, führt die F-22 ihre Bewaffnung in internen Waffenschächten. Auf einer ausklappbaren Startschiene seitlich an jedem Lufteinlauf kann je eine AIM-9M Sidewinder Luft-Luft-Lenkwaffe mitgeführt werden. Auf der Unterseite des Mittelrumpfs sind zwei weitere Waffenschächte vorhanden. In diesen Schächten können jeweils drei AIM-120C AMRAAM Luft-

Luft-Lenkwaffen untergebracht werden. Für das Erprobungsprogramm wurden neun Prototypen bestellt, sieben Einsitzer F-22A und zwei Doppelsitzer F-22B.

Die erste F-22A startete am 7. September 1997 von der Dobbins Air Base zu ihrem Erstflug. Geflogen wurde die Maschine von Cheftestpilot Paul Metz. Der Flug dauerte 58 Minuten, dabei wurde eine Geschwindigkeit von 460 km/h und eine Höhe von 6100 m erreicht. Den zweiten Testflug absolvierte Jon Beesley am 14. September 1997. Dieser Flug mußte allerdings schon nach 35 Minuten abgebrochen werden, da die Telemetrieanlage ausfiel.

Einsatz steht bevor

Ende 1998 nahm auch der zweite Prototyp die Flugerprobung auf. Nach einigen Änderungen wurden beide Prototypen im Frühjahr 1998 an Bord eine Lockheed C-5 zur weiteren Erprobung auf die Edwards AFB gebracht. Für das gesamte Programm sind 5250 Flugstunden vorgesehen. Der vierte Prototyp wird die erste Maschine sein, die mit der kompletten Avionik ausgerüstet ist.

Die Aufnahme der Truppenerprobung mit vier Flugzeugen, zwei Prototypen und zwei Flugzeugen aus der Serienfertigung, ist für Mitte 2002 vorgesehen, die Übergabe der ersten Flugzeuge an einen Einsatzverband im November 2004.

Die Planung sieht den Bau von zwei F-22A für das Jahr 1999 vor, im Jahr 2000 sollen sechs, 2001 zwölf, 20 im Jahr 2002 und 30 im Jahr 2003 gebaut und anschließend an die USAF übergeben werden.

Hersteller:	Lockheed Martin Marietta
	Boeing Military Airplanes, USA
Verwendung:	Luftüberlegenheits- und Mehrzweckkampfflugzeug
Besatzung:	1
Triebwerk:	Zwei Mantelstromtriebwerke Pratt & Whitney YF119-PW-100 mit 156 kN (15.900 kp) Standschub mit Nachverbrennung mit schwenkbarem Triebwerkstrahl

Abmessungen und Leistungen:

Länge:	18,87 m
Höhe:	5,05 m
Spannweite:	13,56 m
Flügelfläche:	77,1 m2
Rüstmasse:	14.365 kg
normalee Startmasse:	24.950 kg
maximale Startmasse:	27.216 kg
Höchstgeschwindigkeit in geringer Höhe:	1470 km/h
Höchstgeschwindigkeit auf 10.975 m Höhe:	1915 km/h
maximale Dauergeschwindigkeit auf 10.975 m Höhe:	1595 km/h
Dienstgipfelhöhe: 15.240 m	
Einsatzradius mit interner Treibstoffzuladung und Luft-Luft-Lenkwaffen:	1450 km

Bewaffnung: Eine 20-mm-Revolverkanone sowie zwei Luft-Luft-Lenkwaffen AIM-9 jeweils in einem separaten Schacht seitlich am Rumpf und bis zu sechs Luft-Luft-Lenkwaffen AIM-120 im zentralen Waffenschacht. Für Erdkampfeinsätze können auch 450 kg Bomben im Waffenschacht und unter den Flügeln Lenkwaffen oder Zusatztanks an vier Aufhängungen mitgeführt werden.

Erstflug:	7. September 1997

Kampfwertgesteigerte F-4F des JG 74 „Mölders" aus Neuburg/Donau.

Die McDonnell Douglas F-4 Phantom II gehört zu den erfolgreichsten Kampfflugzeugen der westlichen Welt. Am 15. Mai 1954 erhielt McDonnell von der US Navy den Auftrag, ein trägergestütztes Jagdflugzeug zu entwickeln. Das neue Flugzeug führte die Bezeichnung AH-1, da es als taktisches Kampfflugzeug sowie als Jagdflugzeug eingesetzt werden sollte. Die US

INFO ▶ Die McDonnell Douglas F-4 Phantom II zählt zu den bekanntesten westlichen Flugzeugen. Über 5000 Maschinen wurden ausgeliefert, von denen aber heute nur noch ein geringer Teil im Einsatz steht. In Deutschland wird die Phantom II als Jagdflugzeug und Jagdbomber verwendet. Die deutschen Aufklärer wurden an Griechenland und die Türkei abgegeben.

Navy änderte am 23. Juni 1956 ihre Forderungen und wünschte nun einen zweisitzigen Abfangjäger. McDonnell änderte daraufhin seinen Entwurf und es entstand die F4H-1 mit zwei J79-GE-3A Triebwerken. Der Prototyp, die XF4H-1 (BuNo. 142259), startete am 27. Mai 1958 in St. Louis zu seinem Erstflug. Die offizielle Taufe auf den Namen "Phantom II" fand am 3. Juli 1959 statt. Auf dem Flugzeugträger USS Independence wurden ab dem 15. Februar 1960 die ersten Bordversuche durchgeführt. Als erste Staffel der US Navy erhielt die VF-121 in Miramar am 29. Dezember 1960 die ersten Phantom II. Ab der 48. gebauten Phantom II lautete die Bezeichnung F4H-1. Diese Maschine absolvierte ihren Erstflug an 25. März 1961. In der Zwischenzeit hat sich auch die USAF für die Phantom II entschieden. Bei der USAF führte die Phantom II die Typennummer F-110A. Die ersten 29 Maschinen wurden noch von der US Navy ausgeliehen. Die Bestellung für die F-110A erhielt McDonnell von der USAF am 30. März 1962. Von der Aufklärer-version RF-110A wurden im Mai 1962 zwei Prototypen in Auftrag gegeben.

Als dritte Teilstreitkraft der USA übernahm das US Marine Corps am 29. Juni 1962 die Phantom II. Die Flugzeuge wurden VMF(AW)-314 zugeteilt.

Trägheits-Navigation

Im September 1962 wurde ein gemeinsames Bezeichnungssystem bei der USAF und der US Navy eingeführt. Die F4H-1F wurde jetzt mit F-4A bezeichnet, die F4H-1 mit F-4B, die F-110A mit F-4C und die RF-110A mit RF-4C. Gegenüber den Flugzeugen der US Navy wies die F-4C einige Änderungen auf. Sie wurde mit Doppelsteuerung ausgerüstet, erhielt das Trägheits-Navigationssystem LN-12A/B. Für den Einsatz von unbefestigten Flugplätzen wurde die F-4C mit größeren Reifen und vergrößerten Scheibenbremsen ausgerüstet. Als Antrieb kamen die leistungsstärkeren J79-GE-15 zum Einbau. Die erste F-4C (s/n 63-7407) hob am 27. Mai 1963 zu ihrem Jungfernflug ab.

Als Prototypen für die RF-4C wurden zwei F-4B umgebaut. Diese wurden mit YRF-4C bezeichnet. Die erste (s/n 62-12200) flog am 20. August 1963.

Einsatz in Vietnam

Die seit 1966 ausgelieferte F-4D unterschied sich von der F-4C durch eine verbesserte Ausrüstung. Die F-4D (s/n 64-0929) flog zum ersten Mal am 8. Dezember 1965. Wichtigste Änderung waren die neuen Triebwerke J79-GE-17 mit einem Standschub von je 79,6 kN mit Nachbrenner und das Feuerleitradar APQ-109.

Spanische RF-4C zu Besuch auf dem ehemaligen Fliegerhorst Bremgarten.

Die Türkei hat die größte Phantom-Flotte im Einsatz. Hier eine F-4E aus Eskisehir.

Während des Vietnam-Krieges zeigte es sich, daß für die Selbstverteidigung eine Bordkanone dringend notwendig war. So entstand die mit einer sechsläufigen 20 mm-Kanone M.61-A1 Vulcan ausgerüstete F-4E.

Die von der RF-4C her bereits bekannte s/n 62-1220 wurde als Prototyp für die F-4E umgebaut und erprobt. Die erste F-4E (s/n 66-0284) aus der Serie flog am 30. Juni 1967. Für die Truppenerprobung wurde sie dem 4525th Fighter Weapons Wing in Nellis AFB übergeben. Die F-4E wurde mit einem AN/APQ-120 Feuerleitradar ausgerüstet. Außerdem verfügt sie über Vorflügel, was sich in Bezug auf die Wendigkeit deutlich bemerkbar macht. An die Verbände wurde die F-4E ab 1968 ausgeliefert. Später wurde sie noch mit dem in der rechten Tragflächenvorderkante montierten TV-Entfernungsmeßsystem TISEO von Northrop ausgerüstet. Dieses System lieferte ein präzises Bild des Zieles auf einem Cockpit-Bildschirm. 116 F-4E wurden ab Anfang 1975 zu F-4G umgebaut, die in der Wild-Weasel-Rolle eingesetzt wurden. Eine große Anzahl Phantom wurde von Luftwaffen außerhalb der USA eingesetzt. So übernahm die Luftwaffe Spaniens 36 F-4C, die bei CASA überholt wurden und die spanische Bezeichnung C.12 erhielten. Von der F-4D erhielt der Iran ab 1968 insgesamt 32 Flugzeuge und Südkorea 60.

Die F-4E ging an Ägypten (32 Flugzeuge), Griechenland (48), an den Iran (177) und nach Israel (140), wo viele auf den Phantom 2000 Standard umgerüstet wurden. Japan stellte 129 F-4EJ in Dienst. Die ersten beiden wurden 1971 bei McDonnell Douglas gebaut, die restlichen fertigte Mitsubishi in Lizenz. Ab August 1972 erfolgte die Übernahme durch die Einsatzverbände. Außerdem werden noch 14 RF-4EJ eingesetzt.

Im November 1968 entschied sich die deutsche Luftwaffe für die Beschaffung von 88 RF-4E als Ersatz für die Lockheed RF-104G Starfighter. Die erste RF-4E absolvierte ihren Erstflug am 1. August 1970 und am 20. Januar

1971 wurde die 35+01 an das Aufklärungsgeschwader 51 "Immelmann" in Bremgarten übergeben. Auch das AG 52 in Leck erhielt RF-4E. Die Umrüstung wurde im Herbst 1972 abgeschlossen. Zwanzig Jahre später wurden beide Geschwader aufgelöst und die Flugzeuge an Griechenland und die Türkei abgegeben.

F-4F für die Luftwaffe

Für den Einsatz bei der deutschen Luftwaffe wurden 175 F-4F beschafft. Die erste Maschine (37+01) flog am 18. Mai 1973 und wurde bereits am 24. Mai 1973 an die Luftwaffe übergeben. Als erstes Geschwader rüstete das JG 71 "R" in Wittmund ab September 1973 auf das neue Einsatzmuster um.

Zur Verbesserung der Flugeigenschaften im Luftkampf erhielt die F-4F automatische Vorflügel (Slats). Sie kann an fünf Außenstationen eine Waffenlast von über 7200 kg mitführen. Neben der M.61 Vulcan Revolverkanone stehen ihr noch vier AIM-9 Sidewinder zur Verfügung. Anfang der 90er Jahre wurde ein Teil der bei den beiden Jagdgeschwadern im Einsatz stehenden F-4F kampfwertgesteigert. Im ICE-Programm (Improved Combat Efficiency) wurde sie unter anderem mit dem APG-65 Radar von Hughes ausgerüstet, dazu kam noch eine leistungsgesteigerte IFF-Ausrüstung, ein Radarwarnempfänger ALR-68(V)-2 von Litton, neue Bildschirme im Cockpit, raucharme Triebwerke und Abschußschienen für vier AIM-120 AMRAAM Luft-Luft-Lenkflugkörper. Der erste scharfe Schuß mit einer AIM-120 wurde am 22. November 1991 durchgeführt.

Hersteller:	McDonnell Douglas, USA
Verwendung:	Abfangjagd- und taktisches Kampfflugzeug
Besatzung:	2
Triebwerk:	Zwei Strahltriebwerke General Electric J79-GE-17A mit je 52,8 kN (5385 kp) Standschub ohne 79,6 kN (8120 kp) und mit Nachbrenner

Abmessungen und Leistungen:

Länge:	19,20 m
Höhe:	5,02 m
Spannweite:	11,71 m
Flügelfläche:	49,24 m2
Spannweite des Höhenleitwerks:	5,47 m
Radstand:	7,12 m
Spurweite:	5,30 m
Rüstmasse:	13.757 kg
Tankinhalt:	5575 kg
Zusatztanks:	4005 kg
maximale Waffenlast:	7258 kg
normale Startmasse:	24.950 kg
Startmasse mit vier AIM-7 Sparrow:	21.500 kg
Startmasse mit acht Lenkwaffen und Zusatztanks:	26.300 kg
maximale Startmasse:	28.030 kg
Höchstgeschwindigkeit in 10.975 m Höhe:	2390 km/h
Reisegeschwindigkeit :	919 km/h
Steiggeschwindigkeit:	312 m/sek
Dienstgipfelhöhe:	19.975 m
Einsatzradius bei Abfangeinsatz:	1145 km
Einsatzradius bei Kampfeinsatz:	797 km
Überführungsreichweite:	3184 km
Startrollstrecke:	1338 m
Landerollstrecke:	1152 m

Bewaffnung: Eine 20 mm M61A1 Vulcan Revolverkanone mit 640 Schuß sowie vier Luft-Luft-Lenkwaffen AIM-9 Sidewinder und vier bis sechs AIM-7 Sparrow, AGM-65 Maverick und lasergelenkte Bomben.

Erstflug:	30. Juni 1967

Bunt bemalte MiG-21U der tschechischen Luftwaffe beim Start.

Die MiG-21 aus dem Konstruktinsbüro vom Artem Mikojan und Michail Gurewitsch dürfte zu den bekanntesten und erfolgreichsten Kampfflugzeugen des ehemaligen Warschauer Pakts gehören. Sie wurde in zahlreichen Versionen gebaut und steht heute noch in vielen Ländern im Einsatz. Insgesamt wurden ungefähr 13.500 MiG-21 gebaut, davon rund 2400 in China, 657 in Indien und 194 in der Tschechoslowakei. 38 Luftwaffen setzten die MiG-21 ein.

INFO ▶ Die MiG-21 wurde in großen Stückzahlen hergestellt und ist das bekannteste Flugzeug aus dem Osten. Es wird wohl kaum ein östlich orientiertes Land gegeben haben, das diesen Flugzeugtyp nicht eingesetzt hat. Heute stehen noch viele MiG-21 im Einsatz und einige Firmen haben für diese Flugzeuge Modernisierungsprogramme angeboten.

Als die sowjetischen Luftstreitkräfte einen leichten, einsitzigen Abfangjäger suchten, beschäftigte sich zuerst das Zentrale Institut für Hydro- und Aerodynamik (ZAGI) mit diesem Thema. Für das Projekt schlug das ZAGI einen Deltaflügel mit Höhenleitwerk vor. Zusätzlich zu dem Erprobungsträger, der nach den Vorgaben des ZAGI gebaut wurde, entstand bei Mikojan ein weiteres Flugzeug, die Ye-2 mit einer mit 57 Grad gepfeilten Tragfläche. Die Erprobungsflugzeuge Ye-4 (Erstflug 16. Juni 1955) und Ye-5 wurden mit einem Deltaflügel ausgerüstet. Im Verlauf der Erprobung zeigte es sich, daß die Variante mit dem Deltaflügel deutlich bessere Flugeigenschaften aufwies.

Geschwindigkeits-Weltrekord

Es wurde eine Vorserie von 40 MiG-21F (Ye-6T) gebaut, die die NATO-Bezeichnung "Fishbed-B" erhielt. Am 31. Oktober 1959, noch während der Erprobung der MiG-21, stellte Oberst Georgi Mossolow mit der E-66, einer speziell für den Rekordflug hergerichteten MiG-21 mit 2388 km/h einen Geschwindigkeits-Weltrekord auf. Die ersten Serienflugzeuge MiG-21F-13 "Fishbed-C" wurden Ende 1959 an die sowjetischen Luftstreitkräfte ausgeliefert. Sie wurde von einem Tumanski R-11-300 Strahltriebwerk mit einer Leistung von 55,6 kN mit Nachbrenner angetrieben. Die Bewaffnung bestand aus zwei 30 mm Nudelmann-Richter NR-30 Kanonen mit je 60 Schuß. Die MiG-21F-13 war ein Tagjäger mit begrenzter Allwettertauglichkeit. Ungewöhnlich war die einteilige nach vorn zu öffnende Cockpithaube. Bei der Luftparade 1961 in Tuschino wurde die MiG-21 erstmals in der Öffentlichkeit vorgeführt.

Nächstes Modell war die MiG-21PF (Fishbed-D). Dabei handelte es sich um einen allwettertauglichen Abfangjäger. Das Rumpfvorderteil wurde neu gestaltet und im Diffusorkegel des vergrößerten Lufteinlaufs befand sich ein Feuerleitradar. Anstelle der Kanonen erhielt die "Fishbed-D" als Standardbewaffnung an den Flügelstationen zwei K-13 (Atoll) Luft-Luft-Lenkwaffen. Da man aber bei den Einsatzverbänden nicht auf die Kanonenbewaffnung verzichten wollte, wurde die Möglichkeit geschaffen, an der Rumpfunterseite den Kanonenbehälter GP-9 mit der doppelläufigen 23-mm-GSch-23 Kanone mit 200 Schuß mitzuführen. Für die Ausbildung der Piloten entstand die MiG-21U (Mongol-A), die auf der MiG-21F basiert, aber mit dem Triebwerk der

Von IAI aus Israel und IAR aus Rumänien modifizierte MiG-21 der rumänischen Luftwaffe.

Viele Jahre stand die MiG-21 in Finnland im Einsatz.

MiG-21PF ausgerüstet ist. Die Cockpithaube ist einteilig und wird im Gegensatz zur MiG-21F nach rechts geöffnet.

1966 erhielt der Westen die Gelegenheit, die MiG-21F ausgiebig zu testen, als am 16. August ein irakischer Pilot nach Israel floh.

Grenzschicht-Anblassystem

Die letzten Versionen der ersten Generation der MiG-21 war die MiG-21PFS und MiG-21PFM, die beide bei der NATO mit "Fishbed-F" bezeichnet wurden. Sie entsprachen der MiG-21PF und MiG-21FL, besaßen aber eine zweiteilige Kabinenhaube, die nach rechts geöffnet wurde. Das eingebaute RP-21M Radar ermöglichte den Einsatz von K-5M Raketen. Zur Verminderung der Landegeschwindigkeit waren diese beide Versionen

mit dem SPS Grenzschicht-Anblassystem ausgerüstet. Die Fläche des Seitenleitwerks wurde durch Verlängerung des Wurzelprofils um 45 cm vergrößert.

Zur zweiten Generation gehörte die mit "Fishbed-H" bezeichnete MiG-21R ein taktischer Aufklärer, der aus der MiG-21PFM entwickelt wurde. Unter dem Rumpf konnte sie einen Behälter mit Kameras sowie Infrarot- und Lasersensoren mitführen.

Die MiG-21MF (Fishbed-J) wurde von dem leistungsstarken Tumanski R-13-300 Triebwerk angetrieben. Der Kanonen-Rüstsatz GP-9 war halbversenkt und strömungsgünstig verkleidet an der Rumpfstation angebracht. Für den Erdkampfeinsatz können Bomben oder Raketen mitgeführt werden.

Bei der MiG-21bis handelt es sich um die fortschrittlichste und leistungsstärkste Version 1971 wurde die MiG-21 grundlegend über arbeitet und die Zelle neu durchkonstruiert. Ausgerüstet wurde die MiG-21bis mit dem R-25-300 Triebwerk, das eine Leistung von 69,56 kN hat. Die erste Variante der MiG-21bis wurde bei der NATO mit Fishbed-L bezeichnet. Sie ging ab Februar 1972 in den aktiven Truppendienst.

Auch heute noch wird die MiG-21, ständig verbessert und kampfwertgesteigert.

Die MiG-21-93 wird seit 1993 von MAPO-MiG angeboten. Basis ist die MiG-21bis. Sie erhält ein neues Radar von Fasotron mit einer Reichweite von 60 km. Es können außerdem alle modernen russischen Lenkwaffen mitgeführt werden. Ein Prototyp absolvierte am 25. Mai 1995 seinen Erstflug.

Ein Tag zuvor, am 24. Mai 1995 startete die von Israel Aircraft Industries entwickelte MiG-21-2000 zu ihrem Jungfernflug

Modernisierungsprogramme

Das dritte Modernisierungsprogramm führen Israel Aircraft Industries und IAR aus Rumänien gemeinsam durch. Es werden rund 110 MiG-21M/MF der rumänischen Luftstreitkräfte modernisiert. Die Flugzeuge erhalten ein Elta EL/M-2032M Radar, Avionik von Elbit und Aerostar, ein Head-Up-Display, zwei Bildschirme und INS/ GPS. Das Triebwerk wird durch ein neues Tumanski R-25-300 ersetzt. Die umgerüsteten Flugzeuge werden als MiG-21 Lancer bezeichnet. Die erste Maschine am flog 29. März 1998.

Indien rüstet 125 MiG-21 um. Diese erhalten ein Kopyo-Radar, Elta Avionik, GPS und eine ECM-Ausrüstung. Der Erstflug erfolgte am 6. Oktober 1998.

Hersteller:	OKB Mikojan/Gurewitsch Werke Moskau, Gorki und Tbilisi, GUS
Verwendung:	Kampfflugzeug
Besatzung:	1
Triebwerk:	Ein Strahltriebwerk Tumanski R-25-300 mit 40,2 kN (4100 kp) Standschub ohne und 69,6 kN (7100 kp) mit Nachbrenner

Abmessungen und Leistungen:

Länge ohne Staurohr:	14,10 m
Länge mit Staurohr:	14,48 m
Höhe:	4,50 m
Spannweite:	7,15 m
Flügelfläche:	23,04 m2
Rüstmasse:	5895 kg
Tankinhalt:	2390 kg
normale Startmasse:	8725 kg
maximale Startmasse:	10.420 kg
Höchstgeschwindigkeit auf Meereshöhe:	1300 km/h
Höchstgeschwindigkeit auf 13.000 m Höhe:	2175 km/h
Steigzeit auf 17.000 m:	8,5 min
Dienstgipfelhöhe:	17.8000 m
Reichweite:	1225 km
Reichweite mit 800 Liter Zusatztank:	1470 km
Startrollstrecke:	830 m
Landerollstrecke:	550 m
g-Belastung:	+ 8,5
Bewaffnung:	Eine GSh-23L-Kanone, bis zu vier Luft-Luft-Lenkwaffen R-60 oder zwei R-55 sowie diverse Bomben und Raketenbehälter
Erstflug:	ca. 1971

Diese MiG-29A und eine MiG-29UB wurden 1992 von der Luftwaffe der Ukraine auf einem Flugtag in Kanada vorgeführt.

Die MiG-29 wurde von amerikanischen Satelliten im November 1977 in Ramenskoye, dem Erprobungszentrum der sowjetischen Luftwaffe, entdeckt. Bis sie einem Konstruktionsbüro zugeordnet werden konnte erhielt sie die Bezeichnung "Ram-L". Elf Prototypen wurden gebaut, von denen der erste am 6. Oktober 1977 zu seinem Jungfernflug startete. Zwei der Prototypen gingen durch Triebwerks-probleme verloren. Anschließend wurden noch acht Vorserienflugzeuge für die Erprobung gebaut. Ab Oktober 1983 erfolgte die Indienststellung der MiG-29 bei den Frontfliegerkräften. Als erstes übernahmen die Regimenter in Kubinka und Ros die MiG-29. Von der NATO wurde der MiG-29 der Codenamen "Fulcrum" zugeteilt.

Export nach Indien

Zum Zeitpunkt der Aufnahme des Truppendienstes gehörte die MiG-29 zur neuesten Generation von sowjetischen Kampfflugzeugen mit wesentlich verbesserter Elektronik- und Radarausrüstung. Die MiG-29 wurde in erster Linie als allwettertauglicher Luftüberlegenheitsjäger eingesetzt, kann aber auch Einsätze als Jagdbomber und Aufklärer durchführen. Bei den Frontstaffeln der sowjetischen Luftwaffe ersetzte die MiG-29 die MiG-21, die Su-15 und einen Teil der MiG

INFO ▶ Bei ihrem ersten öffentlichen Auftritt auf dem Aero Salon in Paris-Le Bourget erregte die MiG-29 großes Aufsehen. Nach der Öffnung des Ostens übernahm die Luftwaffe die MiG-29 der LSK/NVA, die heute beim JG 73 fliegen. Somit gab es genügend Möglichkeiten, dieses Flugzeug zu erproben.

23. Die Neuausrüstung der sowjetischen Jagdfliegerregimenter ging rasch voran.

Im April 1984 erhielten zwei indische Testpiloten die Gelegenheit, sich mit der MiG-29 umfassend vertraut zu machen und das Flugzeug zu fliegen. Die Bewertung der Testpiloten muß entsprechend gut ausgefallen sein, denn Indien entschied sich für die Lizenzfertigung der MiG-29 anstelle der Mirage 2000. Der Auftrag Indiens umfaßte 45 flugbereite MiG-29 sowie den Lizenzbau von 150 weiteren Einheiten. Die Flugzeuge für Indien entsprachen dem Standard der sowjetischen Flugzeuge. Sie können R-23 (AA-7 Apex) und R-60 (AA-8 Aphid) Luft-Luft-Raketen mitführen.

Über 1200 Mikojan MiG-29 hat die MAPO (Moscow Aircraft Production Organization) zwischen 1983 und 1995 gebaut. Nach der Auflösung des östlichen Bündnisses gingen die Lieferungen der MiG-29 stark zurück, die traditionellen Absatzmärkte gingen verloren, und die russischen Luftstreitkräfte stornierten ihre Bestellungen. 1994 und 1995 konnten nochmals rund 60 MiG-29 an Ungarn, die Slowakei, Rumänien, den Iran, Indien und an Malaysia verkauft werden. Bei den neu angebotenen Versionen handelt es sich nicht um Neuproduktionen, sondern um Umbauten der im Einsatz stehenden Flugzeuge.

Modernisierte Ausrüstung

Die MiG-29S und ihre Untervarianten SD, SE und SM bauen auf der ursprünglichen Zelle auf. Sie werden aber mit einer modernen Ausrüstung versehen, grundsätzlich verfügen sie aber über ein modifiziertes elektro-

Eine von ehemals 16 MiG-29 der jugoslawischen Luftwaffe.

Diese MiG-29UB gehörte zum Jagdfliegerregiment 33 in Wittstock.

mechanisches Flugsteuerungssystem. Die weitere Ausrüstung hängt von den Kundenwünschen ab. Die Reichweite konnte um 800 km erhöht werden und die mögliche Waffenlast stieg auf 4000 kg.

Die an Malaysia gelieferten MiG-29SM basieren auf der Fulcrum A. 1995 wurden nachträglich westliche Avionik wie ILS, TACAN und ein VOR-DME-Navigationssystem eingebaut. Außerdem wurden die Flugzeuge mit einem Flugbetankungssystem ausgerüstet. 1997 wurde nochmals eine Modifikation durchgeführt, so daß jetzt mit den R-77 (AA-12) Luft-Luft-Lenkwaffen zwei Ziele gleichzeitig bekämpft werden können. Am 25. April 1986 nahm die MiG-29M (Produkt 9.15) die Flugerprobung auf. Insgesamt wurden sechs Prototypen gebaut. Diese Ausführung kann weitgehend als Neukonstruktion angesehen werden. Bei der MiG-29M kommt erstmal ein Fly-by-wire-Steuer-

system zur Anwendung. Für den Antrieb sind zwei Klimow RD-33K-Triebwerke vorgesehen, die mit Nachbrenner eine Leistung von je 86,3 kN haben. Mangels staatlicher Mittel mußte die Erprobung kurz vor ihrem Ende abgebrochen werden.

Auch eine Modifizierung von rund 300 älteren MiG-29 der russischen Luftwaffe ist geplant. Diese Variante wird bei MAPO Produkt 9-17 genannt, dabei handelt es sich um die MiG-29SMT. Zu den Umbauten gehören ein verbessertes N-019MP Topaz-Radar mit einem zusätzlichen Modus für die Erzeugung von Radarkarten und zur leichteren Erfassung von Schiffen und Hubschraubern. Die Reichweite beträgt je nach Ziel bis zu 80 km. Auch im Cockpit wurde einiges geändert. So wurden ein verbessertes Head-up-Display und zwei große farbige Flüssigkristall-Bildschirme eingebaut sowie neue Geräte für die elektronische Kampfführung,

Kommunikation und Navigation, wobei beim letzteren der Laserkreisel mit einem GPS-Empfänger kombiniert wurde. Außerdem wurde das Cockpit nach dem HOTAS-Konzept aufgebaut, das heißt, daß alle wichtigen Schalter am Steuerknüppel oder Schubhebel plaziert sind.

Doppelsitzer-Version

Der Erstflug einer teilweise auf den neuen Standard umgerüsteten Maschine (Kennung 331) erfolgte am 29. November 1997. Die Maschine wurde von Marat Aljukow geflogen. Anschließend wurde dieselbe Maschine mit einem zusätzlichen Kraftstofftank im vergrößerten Rumpfrücken versehen. Diese Ausführung (neue Kennung 405) flog zum ersten Mal am 22. April 1998. Seit dem 14. Juli 1998 fliegt auch ein Prototyp mit der Kennung 917. Voraussichtlich wird die Mehrzweckversion der MiG-29 bei der russischen Luftwaffe bis etwa 2020 im Dienst bleiben. Von der MiG-29SMT gibt es auch einen Doppelsitzer, die MiG-29UBT. Dabei handelt es sich nicht nur um ein auf den neuesten technischen Stand gebrachtes Schulflugzeug. Durch den Umbau eignet sich die MiG-29UBT jetzt auch dazu, Kampfeinsätze zu fliegen. Durch den Einbau zweier zusätzlicher Kraftstofftanks auf dem Rumpfrücken können 4750 kg interner Kraftstoff mitgeführt werden, so daß die Maschine eine Reichweite von 2200 km hat. Sie ist mit sieben Außenlaststationen bestückt. Sechs unter den Tragflächen und eine unter dem Rumpf. An diesen Stationen kann eine Waffenlast von bis zu 5000 kg mitgeführt werden.

Hersteller:	OKB MiG und MAPO Rußland
Verwendung:	Mehrzweck-Kampfflugzeug
Besatzung:	1
Triebwerk:	Zwei Mantelstromtriebwerke Klimow/Leningrad RD-33 mit je 49,42 kN (5030 kp) Standschub ohne und 81,39 kN (8283 kp) mit Nachbrenner

Abmessungen und Leistungen:

Länge mit Staurohr:	17,32 m
Höhe:	4,73 m
Spannweite:	11,36 m
Flügelfläche:	38,00 m2
Spannweite des Höhenleitwerks:	7,82 m
Radstand:	3,67 m
Spurweite:	3,10 m
Rüstmasse:	10.900 kg
Tankinhalt:	3200 kg
maximale Waffenlast:	3000 kg
normale Startmasse:	15.240 kg
maximale Startmasse:	18.500 kg
Steiggeschwindigkeit:	330 m/sek
Dienstgipfelhöhe:	17.000 m
Höchstgeschwindigkeit in Meereshöhe:	1500 km/h
Höchstgeschwindigkeit in 11.000 m Höhe:	2445 km/h
Reichweite:	1500 km
Überführungsreichweite:	2100 km
Startrollstrecke:	250 m
Landerollstrecke:	600 m
g-Belastung:	+9
Bewaffnung: Eine 23 mm Nudelmann-Kalaschnikow GSc-23L, vier bis sechs AA-10/IR-AA-11 oder AA-8/9.	
Erstflug:	6. Oktober 1977

Die Ala 23 setzt neben der SF-5A noch den Aufklärer SRF-5A und den abgebildeten Trainer SF-5B ein.

Auf Grund der Erfahrungen in Korea gab die UASF 1954 die Anregung, ein leichtes taktisches Kampfflugzeug für den Einsatz in Europa und Südostasien zu entwickeln. Das Flugzeug sollte befreundeten Nationen im Rahmen des Military Assistance Program (MAP) überlassen werden. Bei Northrop entstand ein zweistrahliges mit J85-Triebwerken ausgerüstes Überschalljagdflugzeug mit der Bezeichnung N-156.

> **INFO ▸ Die F-5 ist ein leichtes Kampfflugzeug, das für Einsätze in Europa und Südostasien ausgelegt wurde. Im Rahmen des MAP-Programms wurde das Flugzeug an befreundete Nationen der USA geliefert. Auch heute stehen noch eine Anzahl F-5A im Einsatz, die jedoch in den nächsten Jahren von moderneren Flugzeugen abgelöst werden.**

An dem Jagdflugzeug bestand zunächst kein Interesse, jedoch aber an der N-156T, die nach einer Überarbeitung des Entwurfs den Forderungen der USAF für einen modernen Überschalltrainer als Nachfolger der Lockheed T-33 entsprach.

Trainerversion T-38

Am 15. Juni 1956 bestellte die USAF zwei Prototypen der YT-38. Der neue Trainer erhielt die Bezeichnung T-38A Talon. Der Erstflug wurde am 10. April 1959 in Edwards AFB durchgeführt. Testpilot war Lew Nelson. Ausgerüstet war die Maschine mit zwei YJ-85-GE-1 Triebwerken. Am 14. April 1959 erreichte sie bereits bei ihrem dritten Flug Überschallgeschwindigkeit. Nach 2000 Testflügen wurde die Mustererprobung im Februar 1961 abgeschlossen. Die Serienflugzeuge erhielten zwei J85-GE-5 Triebwerke mit einer Leistung von 17,2 kN mit Nachbrenner. Das Air Training Command übernahm am 17. März 1961 die erste T-38A Talon. Insgesamt verließen 1139 T-38 die Fertigungsstraße.

Auf Grund der positiven Entwicklung bei der T-38 entschloß sich Northrop 1958 einen Prototyp der N-156F auf eigene Kosten zu bauen. Die Kosten wurden dann im Mai 1958 doch noch von der USAF übernommen. Da die N-156F in vielen Bereichen mit der T-38A identisch war, konnte die erste Maschine mit Lew Nelson im Cockpit bereits am 30. Juli 1959 in Edwards AFB zu ihrem Erstflug starten. In der Zwischenzeit interessierte sich sogar die US Army für die N-156F als Erdkampfflugzeug und erprobte das Flugzeug Mitte 1961 in Pensacola. Die Versuche mußten aber auf Anweisung des Verteidigungsministeriums eingestellt werden, obwohl die Ergebnisse sehr positiv ausgefallen waren.

Im Mai 1962 wurde entschieden, die N-156F als Jagdbomber in das MAP-Programm aufzunehmen. Im Oktober 1962 wurden 71 F-5A und 15 F-5B bestellt. Der dritte Prototyp der N-156F wurde entsprechend modifiziert und führte als YF-5A am 31. Juli 1963 in Edwards AFB ihren Erstflug durch.

Zur Erprobung wurden die drei YF-5A sowie fünf F-5A eingesetzt. Besondere Aufmerksamkeit galt den Versuchen mit den verschiedenen Waffen Der erste Doppelsitzer, die F-5B mit der s/n 63-8438, flog am 24. Februar 1964 in Edwards AFB.

Luftbetankungs-System

Die ersten F-5B wurden am 30. April 1964 an die 4441st Combat Crew Training Squadron in Williams AFB übergeben. Die ersten F-5A folgten im August 1965.

Zur Einsatzerprobung verlegten zunächst zwölf, später 18 F-5A vom Oktober 1965 bis März 1966 nach Südostasien. Die Erprobung

Eine der wenigen mit diesem Tarnanstrich versehenen SF-5A der Ala 23 aus Badajoz.

In der Türkei fliegen noch 161 F-5A der verschiedenen Versionen.

lief unter dem Namen "Skoshi Tiger". Die Flugzeuge waren an der linken Rumpfseite mit einer festen Flugbetankungssonde ausgerüstet. Da sie für Tiefangriffe gegen Bodenziele eingesetzt wurden, erhielten sie an der Rumpfunterseite eine zusätzliche Panzerung gegen Bodenbeschuß. Unterstellt waren die F-5 der 10th Fighter Command Squadron.

Lizenz-Programme

Neben der F-5A und F-5B wurde noch der taktischen Aufklärer RF-5A gebaut. Die erste RF-5A hatte die Serien-Nummer 67-21219. Die RF-5A unterscheidet sich von der F-5A nur durch die neu gestaltete Rumpfspitze in der vier vollautomatische 70 mm KS-92A Kameras untergebracht werden können. Die

Rumpfspitze gibt es auch als Rüstsatz mit vier 70 mm Vinten 547 Kameras. Dieser Rüstsatz kann jederzeit gegen einen normalen Bug einer F-5A ausgetauscht werden. Die Bewaffnung der RF-5A ist mit der der F-5A identisch, das heißt, sie kann jederzeit für Kampfeinsätze herangezogen werden. Die Abschlußerprobung der RF-5A wurde im Sommer 1968 durchgeführt. Von der RF-5A baute Northrop insgesamt 89 Flugzeuge. Außer in den USA wurde die F-5 noch in Kanada bei Canadair in Lizenz für die kanadische und die holländische Luftwaffe gefertigt. Diese Maschine wurde zunächst mit F-5-15 bezeichnet. Bei der kanadischen Luftwaffe erhielt die F-5 die Bezeichnung CF-116. Die Einsitzer wurden bei Canadair als CF-5A (89 Maschinen) und die Doppelsitzer als CF-5B (46 Flugzeuge) gebaut. Für einen Teil der CF-5A war ein Rüstsatz mit vier 70 mm Vinten-

Kameras vorhanden. Die damit ausgerüsteten Flugzeuge hießen CF-5A(R). Die Flugzeuge der holländischen Luftwaffe wurden mit NF-5A (75 Flugzeuge) und als NF-5B (30 Flugzeuge) bezeichnet. Die bei Canadair gebauten Maschinen erhielten leistungsstärkere Triebwerke, elektrisch betätigte Luftklappen und einen Fanghaken. Teilweise verfügten sie auch über eine Flugbetankungssonde. Außerdem wurde das Fahrwerk mit einer neuen Bugeinheit ausgerüstet. Diese konnte man in der Höhe um 254 mm verstellen, so daß sich der Anstellwinkel des Flugzeugs um 3 Grad erhöhte. Dadurch konnte die Startrollstrecke um rund 24 Prozent verkürzt werden. Die Flugerprobung der F-5-15 begann bei Northrop im Mai 1965. Auch die Erprobung von zwei CF-5A wurde zunächst ab dem 3. Mai 1968 in Edwards AFB durchgeführt. Der erste Doppelsitzer CF-5D flog am 27. August 1968 in Cartierville und wurde anschließend in das Erprobungprogramm mit eingebunden. Norwegen entschied sich bereits Anfang 1964 für die F-5. Diese Maschinen wurden ebenfalls mit einem Fanghaken ausgerüstet. Ab März 1966 wurden 95 F-5A/RF-5A(G) und 14 F-5B ausgeliefert. Für die spanische Luftwaffe wurden im Februar 1965 siebzig F-5 bestellt. Der Auftrag umfaßte 18 Jagdbomber SF-5A (spanische Bezeichnung C.9), 18 Aufklärer SRF-5A (CR.9) und 34 Doppelsitzern SF-5B (CE.9). Die Flugzeuge wurden bei CASA endmontiert. Die erste SF-5B startete am 22. Mai 1968 in Getafe. Am 9. Dezember 1976 lieferte das Northrop-Werk in Hawthorne die 3000. F-5 aus. Bis zur Produktionseinstellung wurden insgesamt 1199 Maschinen gebaut, 906 F-5A und 293 F-5B.

Hersteller:	Northrop, USA
Verwendung:	Kampfflugzeug
Besatzung:	1
Triebwerk:	Zwei Strahltriebwerke General ElectricJ85-GE-13 mit je 12,1 kN (1231 kp) Standschub ohne und 18,15 kN (1847 kp) mit Nachbrenner

Abmessungen und Leistungen:

Länge:	14,38 m
Höhe:	4,01 m
Spannweite	
ohne Flügelendtanks:	7,70 m
mit Flügelendtanks:	7,87 m
Flügelfläche:	15,79 m2
Spannweite des Höhenleitwerks:	4,28 m
Radstand:	4,67 m
Spurweite:	3,35 m
Rüstmasse:	3667 kg
Tankinhalt:	2207 Liter
Flügelendtanks:	379 Liter
maximale Waffenlast:	1996 kg
maximale Startmasse:	9379 kg
Höchstgeschwindigkeit	
auf 10.975 m Höhe:	1487 km/h
Reisegeschwindigkeit	
auf 10.975 m Höhe:	1030 km/h
Steiggeschwindigkeit:	145,8 m/sek
Dienstgipfelhöhe:	15.390 m
Einsatzradius:	989 km
Einsatzradius mit zwei	
240 kg Bomben High-Low-High:	315 km
Überführungsreichweite:	2594 km
Startstrecke über 15 m Höhe:	1113 m
Landestrecke aus 15 m Höhe:	1189 m
Bewaffnung:	Zwei 20 mm M39 Kanonen mit je 280 Schuß, zwei AIM-9 Sidewinder Lenkflugkörper an den Flügelspitzen und sowie Waffen an fünf weiteren Stationen, eine unter dem Rumpf und vier unter der Tragflächen.
Erstflug:	19. Mai 1964

Eine der wenigen F-5E, die von der USAF übernommen wurden. Die Maschine gehörte zur 425th TFTS.

Bereits im April 1968 begann Northrop mit der Weiterentwicklung der F-5A/B. Eine F-5B wurde mit den neuen J85-GE-21 von General Electric ausgerüstet. Außerdem erhielt die Maschine das bereits bei der Canadair gefertigte CF-5 eingebaute höhenverstellbare Bugrad und die Luftklappen.

> **INFO ▶ Als Weiterentwicklung der F-5A kam Anfang der 70er Jahre die leistungsstärkere F-5E zur Auslieferung. Die meisten Betreiber der F-5A ersetzten ihre Flugzeuge durch die F-5E, aber es konnten auch viele neue Kunden gewonnen werden. Für die Ausbildung der Piloten wurde ein Doppelsitzer gebaut. Auch das Schweizer Kunstflugteam Patrouille de Suisse fliegt die F-5E.**

Durch Vergrößerung der Flügelwurzel erhöhte sich die Flügelfläche auf 17,29 m². Mit John Fritz im Cockpit startete die jetzt mit F-5B-21 bezeichnete Maschine am 28. März 1969 zu ihrem Erstflug. Die Erprobung umfaßte 130 Flugstunden.

Neue Feuerleitsysteme

Auf die Anfrage der USAF von 1969 für ein "International Fighter Aircraft" stellte Northrop die F-5B-21 vor und erhielt am 20. November 1970 den Zuschlag für das neue Flugzeug. Im Rahmen der Entwicklung wurde das Feuerleitsystem AN/APQ-153 von Emerson eingebaut und die Treibstoffkapazität auf 2562 Liter erhöht. Im Januar 1971 wurde die Typenbezeichnung in F-5E/F geändert. Später wurde ihr noch der offizielle Namen Tiger II zugeteilt.

Die F-5E Tiger II (s/n 71-1417) absolvierte am

11. August 1972 in Edwards AFB ihren Erstflug. Geflogen wurde sie wieder von Hank Chouteau.

Die F-5E ist mit zwei 20 mm M-39A2 Kanonen mit je 280 Schuß und zwei AIM-9 Sidewinder an den Flügelspitzen bewaffnet. An seinen Aufhängepunkten können bis zu 3175 kg Waffenlast mitgeführt werden. Anfang 1973 wurden der 425th TFS in Williams AFB die erste Einheit von zwanzig Maschinen für Trainingszwecke übergeben. Süd-Vietnam sollte 71 F-5E übernehmen. Nach dem militärischen Zusammenbruch des Landes wurden die Flugzeuge nicht mehr ausgeliefert. Dafür übernahm die 527th Tactical Fighter Training Aggressor Squadron der 57th TTW in Nellis AFB diese Maschinen, wo sie für Schulungszwecke eingesetzt wurden, vor allem, um die Piloten auf die Kampftaktiken östlicher Luftwaffen einzustellen.

Die F-5E entsprach in ihren Flugleistungen weitgehend der MiG-21. Auch der Tarnanstrich der Flugzeuge wurde dem der MiG-21 angepaßt. Ende der 80er Jahre wurde die F-5E bei der USAF außer Dienst gestellt. Neben der USAF setzte auch die US Navy in ihrer Top Gun Aggressor Squadron in NAS Miramar 17 F-5E und sechs F-5F ein.

Modernisierungsprogramme

Der Doppelsitzer F-5F (s/n 70-0889) flog erstmals am 25. September 1973. Diesmal war der Testpilot Dick Thomas. Die F-5F entspricht der F-5E. Einziger Unterschied ist das um 1,02 m verlängerte Rumpfvorderteil zu Aufnahme des zweiten Cockpits. Außerdem ist sie nur mit einer Kanone ausgerüstet. Für Aufklärungsaufgaben wurde die RF-5E Tigereye gebaut, die mit vier 70 mm Kame-

Doppelsitzer Northrop F-5F Tiger II der Schweizer Luftwaffe.

F-5E der brasilianischen Luftwaffe. Rechts vom Cockpit sieht man den Luftbetankungsstutzen.

ras des Typs KS-121A ausgerüstet wurde. Das Rumpfvorderteil wurde für die Aufnahme der Kameras um 20,3 cm verlängert. Der Prototyp der RF-5E (s/n 78-11420) absolvierte seinen Erstflug im Januar 1979, die erste Serienmaschine im Dezember 1982. Die ersten beiden RF-5E wurde an die Royal Malaysian Air Force ausgeliefert. Zehn weitere erhielt Saudi Arabien. Singapore Aerospace baute sechs F-5E der Singapore Air Force zu RF-5E um.

Zur Zeit werden viele Modernisierungsprogramme für die F-5 angeboten. Israel Aircraft Industries führte ein Programm unter dem Namen F-5E Plus Tiger III durch. Für Chile wurden zwölf F-5E und zwei F-5F modifiziert. Zwei F-5E wurden bei IAI zu F-5E Plus Tiger III umgerüstet. Die erste flog am 8. Juli 1993. Die restlichen werden bei ENAER in Chile mit israelischer Unterstützung umgebaut. Die neue Ausrüstung umfaßt ein HOTAS-Cockpit, ein El-Op Head-Up-Display, ein neues Trägheitsnavigationssystem (INS), ein Mehrfunktions-

radar Elta EL/M-2032B mit einer Reichweite von 33 km. Für die Selbstverteidigung kamen ein Radarwarnempfänger ENAER Caiquen III, Düppel- und Leuchtkörperwerfer zum Einbau. Neben zwei AIM-9P Sidewinder Luft-Luft-Lenkwaffen können an zwei Aufhängepunkten unter den Tragflächen noch zwei israelische infrarotgesteuerte Rafael Python 3 Raketen mitgeführt werden.

Lizenz-Programme

Ein Teil der brasilanischen F-5E wurden mit einer Luftbetankungssonde nachgerüstet.In Taiwan erhalten die umgerüsteten F-5E die Bezeichnung F-5E-SX. Diese Maschinen werden mit einem J101 Triebwerk ausgerüstet und erhalten ein Sky Dragon Radar. Außerdem können sie AIM-120 Luft-Luft-Lenkwaffen mitführen.

Northrop selber bietet ein Modifizierungsprogramm mit dem Namen Tiger IV an.

Die F-5E/F wurde unter Lizenz in Korea bei Korean Airlines, in der Schweiz bei den Eidgenössischen Flugzeugwerken (EFW) und in Taiwan bei Aero Industry Development Centre (AIDC) gefertigt.

Saudi Arabien bestellte 30 F-5E 1971 und weitere 40 F-5E und 20 F-5F 1974. Nochmals vier F-5F wurden 1976 bestellt. Alle Maschinen sind mit einer Luftbetankungssonde ausgerüstet. Im Unterschied zu anderen F-5F verfügen die saudischen F-5 über das Litton LN-33 Navigationssystem. Außerdem gehörten zu ihrer Ausrüstung noch ein Radarwarnempfänger An/ALE-46 und AN/ALQ-101,119 und 171 ECM-Behälter. Als zusätzliche Bewaffnung stehen AGM-65 Maverick und AGM-45 Shrike Luft-Boden-Lenkwaffen sowie GBU-10 und GBU-12 Bomben und Mk.20 Streubombenbehälter zur Verfügung. 1985 wurden noch zehn RF-5E bestellt und zum Ausgleich für Verluste vier F-5E und eine F-5F angeschafft. Die Schweizer Luftwaffe übernahm 98 F-5E und zwölf F-5F in zwei Fertigungslosen. Die ersten 66 F-5E und sechs F-5F wurden 1978 im Rahmen des Peace Alps Programm übernommen. Die ersten 13 F-5E und alle F-5F wurden bei Northrop gefertigt. Die erste F-5E (J-3001) flog mit Hank Chouteau im Cockpit am 9. Dezember 1977 in Palmdale. Das zweite Fertigungslos mit 32 F-5E und nochmals sechs F-5F wurde 1981 bestellt und ab 1985 ausgeliefert. Alle Maschinen sind mit einen Dalmo Victor Radarwarnempfänger ausgerüstet. Tunesien übernahm 1981 vier F-5F und in den Jahren 1984/1985 acht F-5E, die 1989 um fünf weitere F-5E aus den Beständen der USAF ergänzt wurden. Insgesamt wurden 1166 F-5E, 241 F-5F und zwölf RF-5E gebaut und an zwanzig Luftwaffen ausgeliefert.

Hersteller:	Northrop, USA
Verwendung:	Kampfflugzeug
Besatzung:	1
Triebwerk:	Zwei Strahltriebwerke General Electric J85-GE-21B mit je 15,5 kN (1578 kp) Standschub ohne und 22,2 kN (2259 kp) mit Nachbrenner

Abmessungen und Leistungen:	
Länge mit Staurohr:	14,45 m
Höhe:	4,08 m
Spannweite	
ohne Lenkflugkörper:	8,13 m
mit Lenkflugkörper:	8,53 m
Flügelfläche:	17,28 m2
Spannweite des Höhenleitwerks:	4,31 m
Radstand:	5,17 m
Spurweite:	3,80 m
Rüstmasse:	4349 kg
Tankinhalt:	2563 Liter
Zusatztanks:	3120 Liter
maximale Waffenlast:	3175 kg
maximale Startmasse:	11.187 kg
Höchstgeschwindigkeit	
auf 10.975 m Höhe:	1700 km/h
Reisegeschwindigkeit	
auf 10.975 m Höhe:	1041 km/h
Steiggeschwindigkeit:	174 m/sek
Dienstgipfelhöhe:	15.590 m
Einsatzradius:	1045 km
Überführungsreichweite:	3720 km
Startstrecke über 15 m Höhe:	853 m
Landestrecke aus 15 m Höhe:	1189 m
Landestrecke mit Bremsschirm:	47 m
Bewaffnung:	Zwei 20 mm M39A-2 Kanonen, zwei AIM-9 Sidewinder Lenkflugkörper an den Flügelspitzen und sowie Waffen an fünf weiteren Stationen, eine unter dem Rumpf und vier unter der Tragflächen.
Erstflug:	11. August 1972

Futuristische Aufnahme der B-2A während des Landeanflugs.

Drei Jahre dauerten die ersten Planungen, dann erhielt Northrop im Oktober 1981 den Auftrag, einen Prototypen des Stealth-Bombers B-2 zu bauen. Der Entwicklung der B-2 liegen die neuesten Erkenntnisse im Bereich der Stealth-Technologie zugrunde. Sie ist für Angriffe im Tiefflug oder aus großer Höhe ausgelegt und ist von Radar- und Infrarotgeräten nur schwer zu erfassen.

INFO ▶ Die B-2A Spirit ist ein Stealth-Bomber neuester Technologie und wird von nur zwei Piloten geflogen. Geplant war die Beschaffung von 126 Flugzeugen. Auf Grund der Kostensteigerung und der politischen Entspannung wurde die Anzahl der Flugzeuge auf 21 Einheiten reduziert. Die erste Einsatzmaschine wurde 1994 übergeben. Die Auslieferungen wurden bis zum Jahr 2000 abgeschlossen.

Radarabsorbierendes Material

Die Flugzeugzelle der B-2A wird hauptsächlich aus karbonfaser- und kevlarverstärkten Kunststoffen hergestellt. Es werden rund neunhundert neue Werkstoffe eingesetzt, über deren Zusammensetzung nur wenig bekannt wurde. Die Flügelvorderkante wurde mit einem Radarstrahlen absorbierenden Material überzogen. Als Antrieb wurden vier General Electric F118-GE-100 Mantelstromtriebwerke ausgewählt, die paarweise auf der Flügeloberseite angeordnet sind. Die Leistung je Triebwerk beträgt 84,5 kN.

Die Tanks mit einem Fassungsvermögen von

90.720 Liter befinden sich in den Außenflügeln. Hinter dem Cockpit ist auf der Rumpfoberseite ein Betankungsstutzen für Luftbetankung angeordnet.

Die B-2A ist mit einem modernen AN/APQ-181 Radar von Hughes ausgerüstet. Als Radarwarnempfänger kommt das AN/APR-50 (ZSR-63) von IBM zum Einbau. Über die restliche Avionik-Ausrüstung wurde nichts bekannt. Im Cockpit sind für die beiden Piloten je vier EFIS-Bildschirme eingebaut.

Die beiden Bombenschächte befinden sich im Rumpf hinter dem Cockpit. Für die Aufhängung der Waffen wurde in jedem Bombenschacht ein drehbarer Werfer instal-liert. An diesen kann man bis zu acht AGM-129 Luft-Boden-Lenkwaffen, achtzig 225 kg-Bomben, sechzehn 900 kg Bomben oder acht freifallende Atombomben anhängen. Die B-2A ist noch nicht für den Abwurf aller Waffensysteme freigegeben, darunter fallen atomare Lenkwaffen.

Eine eigene Defensivbewaffnung wurde nicht vorgesehen. Es ist aber anzunehmen, daß die B-2A Spirit mit einer großen Anzahl von Systemen zur elektronischen Kampfführung ausgerüstet ist.

Die Entwicklung und Erprobung sollte mit sechs Flugzeugen durchgeführt werden. Anschließend sollten 126 Einsatzflugzeuge

Eine B-2A wird von zwei F-117A eskortiert.

Auf dieser Aufnahme kann man die gezackte Hinterkante der B-2A Spirit deutlich erkennen.

USAF wirkten sich negativ auf die ganze Planung aus. Am 17. Juli 1989 konnte der erste Prototyp (s/n 82-1066) zu seinem Erstflug starten.

Nach 81 Testflügen, in denen 353 Flugstunden absolviert wurden und die zum großen Teil für die aerodynamische Erprobung aufgewendet wurden, legte man die Maschine im März 1993 still. Sie wurde auf Block-30-Standard gebracht und 1999 der USAF übergeben. Die zweite B-2A (s/n 82-1067) startete am 19. Oktober 1990 zu ihrem Jungfernflug. Nach der Erprobung wurde sie ebenfalls auf Block-30-Standard gebracht und im Juli 1997 ausgeliefert. Die dritte Maschine (s/n 82-1068) flog am 18. Juni 1991, die vierte (s/n 82-1069) am 17. April 1992. Das fünfte Erprobungsflugzeug (s/n 82-1070) startete am 5. Oktober 1992. Das sechste und letzte (s/n 82-1071) am 2. Februar 1993. Auch diese Maschine wurde auf Block-30-Standard gebracht und im Januar 1998 der USAF übergeben.

beschafft werden. Doch es kam anders. Auf Grund der kaum noch zu erfassenden Kosten wurde bereits 1991 die Anzahl der zu beschaffenden Flugzeuge auf 75 reduziert. Bis es dann endlich so weit war, wurden nur noch 21 Flugzeuge einschließlich des Prototypen übernommen.

Technische Probleme

Die Entwicklung wurde durch unvorhersehbare technische Probleme ständig verzögert. Teilweise mußte man sogar den Abbruch des Projekts befürchten. Auch die Änderungen in der Politik und bei den Anforderungen der

Verbesserte B-2A

Jede der fünf Erprobungsmaschinen, die im Testzentrum auf der Edwards AFB stationiert waren, wurde ein bestimmter Bereich bei der Erprobung der umfangreichen Avionik- und Waffensysteme zugeteilt. Bis zum Sommer 1996 waren die Flugzeuge bei rund 600 Flügen 2700 Stunden in der Luft.

Die B-2A mit der Serien-Nummer 88-0329 erhielt die USAF am 17. Dezember 1993. Damit verfügte die 393rd Bomb Squadron des 509th Bomb Wing in Whiteman AFB über acht Einsatzflugzeuge. Die erste Maschine, die dem Block 10-Standard entsprach, war die s/n 88-0328 mit dem Namen "Spirit of Texas". Sie wurde am 29. August 1994 an die USAF übergeben und wurde später auf Block 30-Standard nachgerüstet. Ab der 10. B-2A erhielten die Bomber eine verbesserte Avionik und GPS.

Radarsignatur verbessert

Die 17. B-2A (s/n 92-0700 "Spirit of Florida") war die erste Maschine, die dem Block 20 entsprach. Die Übergabe an die USAF erfolgte am 29. März 1996. Die 509th BW in Whiteman AFB übernahm dieses Flugzeug am 3. Juli 1996. Die letzten beiden Maschinen, die s/n 93-1087 und s/n 93-1087 wurden entsprechend dem Block 30-Standard gefertigt. Dies ist der letzte Fertigungsstand, der bis jetzt erreicht wurde. Ein großer Teil der Mängel, insbesondere was die Radarsignatur der B-2A betrifft, konnte mit der Einführung des Block-30-Standards weitgehend behoben werden.

Im Frühjahr 1997 waren die B-2A Spirit einsatzbereit. Seit dem Erstflug absolvierten die bis dahin im Einsatz stehenden Flugzeuge über 9000 Flugstunden. Die in Whiteman AFB stationierte 509th BW flog seit der Übernahme der s/n 88-0329 "Spirit of Missouri" am 17. Dezember 1993 bis zum Frühjahr 1997 bei über tausend Übungseinsätzen mehr als 5000 Stunden. Sie beteiligte sich unter anderem im Sommer 1995 an einer Red-Flag-Übung auf der Nellis AFB. Durchschnittlich werden 30 Flüge mit einer Dauer von jeweils rund vier Stunden in der Woche durchgeführt.

Hersteller:	Northrop Grumman, USA
Verwendung:	strategischer Stealth-Bomber
Besatzung:	2
Triebwerk:	Vier Mantelstromtriebwerke General Electric F118-GE-110 von je 84,5 kN (8620 kp) Standschub

Abmessungen und Leistungen:

Länge:	21,03 m
Höhe:	5,18 m
Spannweite:	52,43 m
Flügelfläche:	464,50 m2
Rüstmasse:	56.700 kg
Tankinhalt:	90.720 Liter
maximale Waffenlast:	34.020 kg
normal Startmasse:	152.653 kg
maximale Startmasse:	168.422 kg
Höchstgeschwindigkeit:	764 km/h
Anfluggeschwindigkeit:	260 km/h
Dienstgipfelhöhe:	15.240 m
maximale Reichweite ohne Luftbetankung:	12.955 km
Reichweite mit einer Luftbetankung:	18.532 km
Reichweite mit acht SRAM-Lenkwaffen und acht B83-Bomben	
high-high-high:	11.675 km
high-low-high:	8154 km

Bewaffnung: maximale Waffenlast von 34.020 kg in zwei Waffenschächten mit je acht SRAM (Short-Range Attack Missiles) AGM-69 oder AGM-129A an einem rotierbaren Träger; B61 und B63 Nuklearwaffen, 454-kg, 340-kg, 227-kg Bomben oder Seeminen vom Typ Mk.36. Bei der Mitnahme von Nuklearwaffen ist die Waffenlast auf 9072 kg begrenzt.

Erstflug:	17. Juli 1989

Eine F-14B der VF-74 beim Start vom Flugzeugträger USS Saratoga.

Die F-14 Tomcat wurde als Nachfolger der F-4 Phantom in der Luftverteidigungsrolle entwickelt und sollte den Gegner schon weit vor dem Trägerverband abfangen. Diese Aufgabe war eigentlich zuerst der F-111B zugedacht, einer Gemeinschaftsentwicklung von General Dynamics und Grumman, die im November 1962 den TFX-Wettbewerb (Tactical Fighter Experimental) gewannen. General Dynamics sollte die für die USAF vorgesehenen Versionen und Grumman die für die US Navy bauen. Im Gegensatz zu den USAF-Flugzeugen kam die F-111B über das Erprobungsstadium nicht hinaus. Die Entwicklung endete Mitte 1968 mit einem Fertigungsstop.

Das Grumman Modell 303, das im Oktober 1967 vorgeschlagen wurde, war ein Alternativentwurf, der ebenfalls mit Schwenkflügeln ausgestattet war und die Hauptsysteme der F-111B beinhaltete. Für dieses Modell erteilte die US Navy Grumman im Februar 1969 einen Entwicklungsauftrag. Die offizielle Bezeichnung für die zwölf Vorserienflugzeuge lautete YF-14A.

Bei der F-14A handelt es sich um einen zweisitzigen und zweistrahligen Schulterdecker mit einem Tragwerk variabler Pfeilung und

> **INFO ▶ Als Nachfolgemuster für die F-4 in der Luftverteidigungsrolle wurde die F-14 entwickelt. Neuste Variante ist die F-14D mit einer leistungsfähigeren Avionik. Die F-14D wurde ab Ende 1990 ausgeliefert.**

doppeltem Seitenleitwerk. Bei der Fertigung wurden hauptsächlich Leichtmetallegierungen verwendet. An besonders beanspruchten Teilen wie im Bereich der Schwenkflügel wurde Titan eingesetzt. Der feststehende Flügelkasten im Tragflächenmittelteil ist eine einteilige aus Titan gefertigte Struktur, die auch als Kraftstofftank dient. Die Tragflächen können im Flug von 20 bis 68 Grad geschwenkt werden. Am Boden lassen sie sich auf 75 Grad zurückschwenken, so daß beim Abstellen auf Flugzeugträgern ein möglichst geringer Platzbedarf besteht. Im Übergangsbereich zwischen dem Rumpf und den Tragflächen befinden sich an der Vorderkante auf jeder Seite eine kleine dreieckige Fläche, die bei hohen Geschwindigkeiten ausgefahren werden, um die Flugstabilität der Maschine zu gewährleisten. Die Lufteinläufe der F-14 sind auf vier verschiedene Querschnitte einstellbar. Das Cockpit ist mit zwei Martin-Baker GRU-7A Zero-Zero-Schleudersitzen ausgerüstet. Die Cockpithaube ist einteilig und wird nach hinten oben geöffnet.

Absturz beim Testflug

Die erste Maschine (BuNo.157980) startete am 21. Dezember 1970 zu ihrem Jungfernflug. Die Maschine war mit zwei TF30-P-412A Mantelstromtriebwerken von Pratt & Whitney ausgerüstet. Bereits beim zweiten Flug am 30. Dezember 1970 wurde Überschallgeschwindigkeit erreicht. Durch einen Fehler im Hydrauliksystem stürzte sie im Landeanflug ab. Die Besatzung konnte sich mit dem Schleudersitz retten. Die zweite YF-14A (BuNo.157981), die für die Untersuchung unterschiedlicher Flugzustände vorgesehen war, startete am 24. Mai 1971 zu ihrem Erstflug.

Auf der NAS Point Mugu erprobte Hughes mit der dritten und vierten YF-14A die Luft-Luft-Lenkwaffe AIM-54 Phoenix und das Feuerleitsystem AN/AWG-9.

Probleme mit Triebwerk

Da es mit dem Pratt & Whitney TF30-P-412A Triebwerken Probleme gab, wurde bereits 1973/1974 die siebte YF-14A (BuNo.157986) mit zwei Pratt & Whitney F401-PW-400 mit einer Leistung von je 124,8 kN mit Nachbrenner erprobt. Nach der Umrüstung auf die neuen Triebwerke wurde die Maschine mit F-14B bezeichnet. Das Flugzeug nahm am 12. September 1973 die Erprobung auf. Neben technischen Problemen traten auch

Grumman F-14A der VF-21 über dem Persischen Golf kurz vor der Treibstoffübernahme. Der Luftbetankungsstutzen ist schon ausgefahren.

Zwei F-14A Tomcat auf Patrouillenflug.

Schwierigkeiten mit der Finanzierung des Programms auf, so daß die Erprobung eingestellt und die F-14B eingelagert wurde.

Die US Navy erhielt ihre ersten Flugzeuge ab Oktober 1972. Diese wurden an die VF-124 in NAS Miramar für das Einsatztraining der zukünftigen Tomcat-Besatzungen übergeben. Die beiden nächsten Staffeln waren die VF-1 und VF-2. Sie erreichten ihre volle Einsatzbereitschaft im September 1974, als sie an Bord des Flugzeugträgers USS Enterprise (CVN-65) stationiert wurden. Jeweils eine Staffel einer Carrier Air Wing verfügt über drei F-14A, die mit dem Aufklärungs-behälter TARPS ausgerüstet werden können und somit dem Trägerverband zur Planung der Verteidigung eine entsprechende Aufklärung ermöglichen.

Export in den Iran

Bereits im Januar 1974 entschied sich der Iran für die Beschaffung von achtzig F-14A Tomcat, in erster Linie, um die ständigen Überflüge des Landes durch sowjetische Aufklärer des Typs MiG-25 zu stoppen. Ab Januar 1976 übernahm der Iran 79 F-14A, die alle mit den modernen Hughes AIM-54 Phoenix und dem Feuerleitsystem AN/AWG-9 ausgerüstet waren. Die erste für den Iran vorgesehene F-14A flog am 5. Dezember 1975. Die Flugzeuge wurden von Besatzungen der US Navy mit einer Zwischenlandung in Torrejon/Spanien überführt. Die ersten beiden landeten am 30. Dezember 1975 auf dem iranischen Luftwaffenstützpunkt Khatami. Im Krieg gegen den Irak wurde ein Teil der noch vorhandenen F-14A als fliegendes Frühwarnsystem eingesetzt, wobei das Feuerleitsystem AN/AWG-9 zur Ortung irakischer Flugzeuge verwendet wurde. Heute sind davon noch ungefähr 20 Maschinen einsatzbereit.

Ende der 80er Jahre entschied sich die US Navy, Teile der F-14 Flotte zu modernisieren. Dies betraf den Umbau von 18 F-14A zu F-14A-Plus und 38 neu gebaute F-14A-Plus. Die F-14A-Plus wird heute als F-14B bezeichnet. Zur Erprobung der für die F-14D vorgesehenen Ausrüstung wurden zwei F-14A umgebaut. Bei der F-14D wurde ungefähr 60 Prozent der Avionik gegenüber der F-14A erneuert. Die F-14D wurde mit einem neuen APG-71 Radar, dem digitalen Navigationssystem ASN-139 und der Datenverbindung JTIDS, die besonders sicher ist, ausgerüstet. Außerdem wurde ein AN/ALR-67 Radarwarnempfänger und unter dem Bug ein TCS/IRST-Sensor zur Identifizierung eines Objekts über große Entfernungen eingebaut. Die alten Schleudersitze wurden gegen NACES-Sitze ausgetauscht. Die erste F-14D flog am 9. Februar 1990. Die Auslieferung begann im November 1990, und bis März 1993 waren alle 37 Flugzeuge ausgeliefert. Die VF-124 in NAS Miramar erhielt die erste F-14D.

Hersteller:	Northrop Grumman, USA
Verwendung:	Mehrzweckkampfflugzeug
Besatzung:	2
Triebwerk:	Zwei Mantelstromtriebwerke General Electric F-110-GE-400 mit je 62,2 kN (6350 kp) Standschub ohne und 102,7 kN (10.478 kp) mit Nachbrenner

Abmessungen und Leistungen:

Länge:	19,10 m
Höhe:	4,88 m
Spannweite	
20 Grad geschwenkt:	11,45 m
68 Grad geschwenkt:	19,55 m
Flügelfläche:	52,50 m2
Spannweite des Höhenleitwerks:	9,97 m
Radstand:	7,02 m
Spurweite:	5,00 m
Rüstmasse:	18.191 kg
Tankinhalt:	7348 kg
Zusatztanks:	1724 kg
maximale Waffenlast:	6577 kg
normale Startmasse:	26.632 kg
maximale Startmasse:	33.724 kg
Höchstgeschwindigkeit in 12.190 m Höhe:	2485 km/h
Höchstgeschwindigkeit auf Meereshöhe:	1468 km/h
Reisegeschwindigkeit:	741 - 1019 km/h
Steiggeschwindigkeit:	152,4 m/sek
Dienstgipfelhöhe:	15.240 m
Einsatzradius:	1233 km
Überführungsreichweite:	3220 km
Startstrecke:	427 m
Landestrecke:	884 m
Bewaffnung:	Eine 20-mm-Revolverkanone M-61A-1 Vulcan, vier Lenkflugkörper AIM-54C Phoenix oder vier AIM-7 Sparrow halbversenkt an den Rumpfstationen und zwei AIM-9G/H Sidewinder sowie zwei AIM-7E/F Sparrow an Waffenträgern unter den Tragflächen.
Erstflug:	9. Februar 1990

Tornado IDS der Royal Saudi Air Force.

Als endgültig feststand, daß das sogenannte AVS-Projekt aufgrund einer geänderten NATO-Konzeption nicht weiterverfolgt würde, begann man 1967 mit der Planung des Neuen Kampfflugzeugs (NKF). Aber auch dieses Projekt wurde nicht verwirklicht. Auch andere europäische Länder stellten zur gleichen Zeit ähnliche Untersuchungen an. Anfang 1968 wurde von den Luftwaffenchefs aus Belgien, Deutschland, Italien, Kanada und den Niederlanden beschlossen, ein Pflichtenheft über die Auslegung des Starfighter-Nachfolgemusters auszuarbeiten. Im Mai 1968 einigte man sich über ein Programm zur gemeinsamen Entwicklung des Mehrzweck-Kampfflugzeugs MRCA 75 (Multi Role Combat Aircraft). An dieser Konferenz beteiligten sich auch einige Beobachter der Royal Air Force.

Dreinationen-Programm

Am 17. Juli 1968 unterzeichneten Deutschland, Großbritannien, Italien und die Niederlande einen Vertrag über die Zusammenarbeit bei der Entwicklung des europäischen Kampfflugzeugs. Belgien und Kanada beteiligten sich nicht mehr daran, im Sommer 1969 schieden auch die Niederlande aus. Am 31. März 1969 wurde in München die Panavia Aircraft GmbH gegründet, die die übernationale Systemführung übernahm. In der Triebwerksfrage entschied man sich für das Rolls-Royce RB.199. Die Weiterentwicklung wurde von der Turbo-Union Ltd. durchgeführt, einer Kooperation zwischen Rolls-Royce, MTU und Fiat. Dritter Hauptauftragnehmer war IWKA-Mauser. Das Ganze wurde von der regierungsseitigen Organisation NAMMA (NATO MRCA Development and Production Management Agency) überwacht.

> **INFO ▶ Die Tornado ist eine Gemeinschaftsentwicklung von Großbritannien, England und Deutschland. Er wird in drei Versionen gebaut. Auch eine Variante mit Doppelsteuer für die Pilotenausbildung steht zur Verfügung. In England wurden die Tornado GR. Mk1 zur GR.Mk 4 modifiziert. Exportiert konnte der Tornado nur nach Saudi Arabien werden.**

Mit Beginn der endgültigen Planungen wurde Anfang 1969 die Bezeichnung MRCA 75 in Panavia 100 für den Einsitzer und Panavia 200 für den Doppelsitzer geändert. Im März 1970 fiel die Entscheidung, daß die Panavia 100 nicht mehr weiter verfolgt wird und daß man sich auf die Entwicklung der Panavia 200 konzentrieren wird. British Aircraft Corporation war für die Entwicklung des Rumpfvorderteils und -hinterteils verantwortlich und hatte einen Anteil von 42,5 Prozent am Gesamtprogramm. Ebenfalls 42,5 Prozent hatte MBB, wo das Rumpfmittelteil und der Flügelmittelkasten entwickelt wurden. Aeritalia übernahm die Entwicklung des Tragwerks und hatte einen Anteil von 15 Prozent. Im November 1970 wurde mit dem Bau der Prototypen begonnen. Für die Erprobung wurden neun Prototypen und sechs Vorserienflugzeuge bestellt. Der erste Prototyp P.01 (D-9591) startete am 14. August 1974 in Manching unter der Führung von Paul Millett (BAC) und Nils Meister (MBB) zu seinem 33-minütigen Jungfernflug. Beim sechsten Flug am 12. September 1974 wurde in 10675 m Höhe Mach 1,15 erreicht. Bei der offiziellen Vorstellung am

21. September 1974 in Manching erhielt das Flugzeug den Namen Tornado. Den zweiten Prototyp P.02 (XX946) fertigte BAC. Er startete am 30. Oktober 1974 in Warton zu seinem Erstflug. Auch der dritte Prototyp P.03 (XX947) wurde bei BAC gebaut und flog am 5. August 1975 zum ersten Mal. Er verfügte über das Doppelsteuer der Trainerversion.

Erprobungsphase

Der vierte Prototyp, die P.04 (D-9592) wurde wieder bei MBB gefertigt. Er absolvierte seinen Erstflug am 2. September 1975. Die P.04 erhielt später das Kennzeichen 98+05 und wurde mit einem Marinetarnanstrich am 15. September 1977 beim MFG 1 in Jagel vorgestellt. Als Bewaffnung führte sie vier Luft-See-Lenkwaffen Kormoran mit sich. Der fünfte Prototyp P.05 (X-586) kam von Aeritalia und flog erstmals am 5. Dezember 1975 mit Pietro Trevisan im Cockpit. Bei einer harten Landung am 23. Januar 1976 wurde die P.05 schwer beschädigt und konnte die Erprobung erst Ende 1977 wieder aufnehmen. Den sechsten Prototyp, die P.06 (XX918),

Panavia Tornado ECR von JaboG 32 startet mit voller Außenlast in Lechfeld.

Zwei Tornado IDS der 500 Stormo aus Piacenza in Italien. Die vordere Maschine trägt noch den Tarnanstrich aus dem Golfkrieg.

fertigte wieder BAC. Der Erstflug erfolgte am 20. Dezember 1976. Als erste Tornado verfügte sie über die beiden 27-mm-Kanonen IWKA-Mauser BK.27. Die P.07 (98+06) absolvierte am 30. März 1976 ihren Jungfernflug in Manching, die P.08 (XX949) am 15. Juli 1976 in Warton und der letzte Prototyp, die P.09 (X-587), am 5. Februar 1977 in Caselle.

Gemeinsame Ausbildung

Das erste Vorserienflugzeug, die P.11 (98+01), absolvierte am 5. Februar 1977 in Manching seinen Jungfernflug, der 69 Minuten dauerte. Im Cockpit saßen Hans-Friedrich Rammensee und Manfred Schreiber. Im Sommer 1977 wurde mit der P.11 Tieffluger-

probung im Überschallbereich über der Nordsee durchgeführt. Während dieser Zeit war sie beim MFG 1 in Jagel stationiert und absolvierte bis zu drei Flüge täglich.

Für das Besatzungstraining wurde in RAF Cottesmore das Tri-National Tornado Training Establishment (TTTE) aufgestellt, das im Juli 1980 die ersten Flugzeuge übernahm. Bei den ersten Einsatzverbänden, die den Tornado übernahmen, handelt es sich ausschließlich um Jagdbomber- und Aufklärungsstaffeln. Ihnen wurde die Tornado IDS (Interdiction/Strike) zugeteilt. Die Aufgabe dieser Version ist die Gefechtsfeldabriegelung (Battle Field Interdiction), Gesamtabriegelung des Kampfgebietes (Interdiction/Strike), Bekämpfung von Luftstreitkräften am Boden (Counter Air), Heeresunterstützung aus der Luft (Close Air Support) und Luftaufklärung (Reconnaissance). Bei der RAF führen sie die Bezeichnung Tornado GR.Mk1 und GR.Mk1A. Die erste GR.Mk1 flog am 5. Februar 1977. 1993/1994 übernahmen die 12. und die 617. Squadron als Ersatz für die Buccaneer die Tornado GR.Mk1B, die für die Bekämpfung von Schiffszielen mit der Anti-Schiffs-Lenkwaffe BAe Sea Eagle ausgerüstet sind. Neuste Version ist die Tornado GR.Mk4, bei der es sich um kampfwertgesteigerte GR.Mk1 handelt. Als Versuchsflugzeug kam die P.15 zum Einsatz, die mit der neuen Ausrüstung Ende 1993 flog. Die Ablieferung an die Einsatzstaffeln begann im Februar 1998. Insgesamt sollen 142 Flugzeuge umgerüstet werden. Die RAF übernahm 228 Tornado GR.Mk1 und GR.Mk4.

In Deutschland sind mit dem Tornado IDS das JaboG 31 "Boelcke" in Nörvenich, das JaboG 33 in Büchel, das JaboG 34 "Allgäu" in Memmingen und das JaboG 38 "Friesland" in Jever sowie das AG 51 "Immelmann" in Jagel ausgerüstet. Das JaboG 32 in Lechfeld ist mit dem ECR-Tornado ausgerüstet. Bei den deutschen Marinefliegern steht der Tornado beim MFG 2 in Eggebek im Einsatz. Übernommen wurden von der Luftwaffe 212 Tornado IDS und 35 Tornado ECR und von den Marinefliegern 112 Tornado IDS.

In Italien sind drei Geschwader mit dem Tornado IDS ausgerüstet und zwar die 60 Stormo in Ghedi, die 360 Stormo in Gioia di Colle und die 500 Stormo in Piacenza. An die AMI wurden 84 Tornado IDS und 16 Tornado ECR ausgeliefert. Die Royal Saudi Air Force übernahm 96 Tornado IDS, die bei der No. 7 Sqn in Taif und der No. 66 Sqn in Dhahran eingesetzt werden.

Hersteller:	Panavia Aircraft GmbH, Deutschl. Alenia; Italien British Aerospace, Großbritannien DASA; Deutschland
Verwendung:	elektronisches Kampf- und Aufklärungsflugzeug
Besatzung:	2
Triebwerk:	Zwei Mantelstromtriebwerke Turbo Union RB-199-34R Mk.105 mit je 38,7 kN (3945 kp) Standschub ohne und 66 kN (6727 kp) mit Nachbrenner

Abmessungen und Leistungen:

Länge:	16,72 m
Höhe:	5,95 m
Spannweite 25 Grad geschwenkt:	13,91 m
Spannweite 67 Grad geschwenkt:	8,60 m
Flügelfläche:	26,60 m2
Spannweite des Höhenleitwerks:	6,80 m
Radstand:	6,20 m
Spurweite:	3,10 m
Rüstmasse:	13.890 kg
Tankinhalt:	4650 kg
Zusatztanks:	5988 kg
maximale Waffenlast:	9000 kg
normale Startmasse:	20.411 kg
maximale Startmasse:	27.951 kg
Höchstgeschwindigkeit in 10.975 m Höhe:	2338 km/h
Steigzeit auf 9145 m Höhe:	2 min
Dienstgipfelhöhe:	15.240 m
Einsatzradius High-Low-High:	1390 km
Überführungsreichweite:	3890 km
Startrollstrecke mit maximaler Startmasse:	900 m
Landerollstrecke:	370 m
g-Belastung:	+7,5

Bewaffnung: Eine 27-mm-Kanone IWKA-Mauser im Rumpf und an Außenstationen am Rumpf zwei AGM-88 HARM Anti-Radar-Lenkwaffen. Unter den Flügeln können Luft-Luft-Lenkwaffen AIM-9L Sidewinder mitgeführt werden.

Erstflug:	4. August 1974

Mit dem hellgrauen Tarnanstrich der Abfangjäger versehene Saab J35J Draken.

Als ein Nachfolger für die Saab J29 gesucht wurde, begann bei Saab Ende der 40er Jahre die Entwicklung eines Mehrzweckkampfflugzeugs, das, wenn auch nur noch in Österreich, noch immer im aktiven Truppendienst steht. Einsatzbereich für das neue Flugzeug sollte die Abfangjagd, die Luftraumverteidigung und die Unterstützung der Bodentruppen sein.

Der Entwurf für das neue Kampfflugzeug wies einen Doppeldeltaflügel auf, der zumindest in der Theorie viele Vorteile versprach, die sich dann auch in der Praxis bestätigten. Bei Überschallgeschwindigkeit bot der stark gepfeilte Innenflügel den geringsten Widerstand, die schwächer gepfeilten Außenflügel verbesserten die Flugeigenschaften im Unterschallbereich.

Triebwerke von Rolls-Royce

Im August 1953 bestellte die schwedische Luftwaffe drei Prototypen der Saab 35. Die erste Maschine startete am 25. Oktober 1955 zum Erstflug. Während eines Testflugs am 26. Januar 1956 erreichte die Saab 35 Überschallgeschwindigkeit. Ab Sommer 1956 beteiligten sich auch die beiden anderen Prototypen an der Flugerprobung. Die Prototypen der Saab 35 wurden von in England beschafften Rolls-Royce Avon Strahltriebwerken angetrieben. Das Triebwerk hatte eine Leistung von 47,16 kN ohne und 68,84 kN mit Nachbrenner.

Den Prototypen folgten drei Vorserienflugzeuge, wovon das erste am 15. Februar 1958

> **INFO ▶ Die Saab Draken ist eines der dienstältesten Flugzeuge, das heute noch im Einsatz steht, wenn auch nur in Österreich. Seit der Übergabe der ersten Maschinen im Frühjahr 1960 an die schwedische Luftwaffe stand die Draken dort bis Ende 1998 im aktiven Truppendienst. Die verschiedenen Versionen kamen als Jagdflugzeug, Jagdbombomber und Aufklärer zum Einsatz.**

flog. Die Vorserienflugzeuge hatten anstelle des Rolls-Royce Avon bereits ein in Schweden unter Lizenz gefertigtes Flygmotor RM6B Triebwerk mit einem in Schweden entwickelten leistungsfähigeren Nachbrenner SFA 65. Die Serienfertigung der J35A Draken wurde im August 1956 aufgenommen. Als erster Verband erhielt die in Norrköping stationierte Flygflottilj 13 (F13) ab dem 8. März 1960 die J35A. Die Einheit setzte ihre Flugzeuge in der Luftverteidigungsrolle ein. Die Umrüstung konnte innerhalb eines Jahres abgeschlossen werden.

Nächste Variante war die J35B. Ihren Erstflug absolvierte sie am 29. November 1959, noch bevor die J35A den aktiven Truppendienst aufgenommen hatte. Gegenüber der J35A wurde das Rumpfheck der J35B zur Aufnahme eines einziehbaren Zwillingsrads verlängert Dadurch konnten Landungen mit größerem Anstellwinkel durchgeführt werden. Bei der J35B kam das von Saab entwickelte Feuerleitsystems S7 zum Einbau. Es war hauptsächlich für die Bekämpfung von Luftzielen ausgelegt. Die F16 in Uppsala rüstete als erste Einheit 1961 von der J35A auf die J35B um.

Doppelsitzer-Version

Für die Ausbildung der Piloten entwickelte Saab 1959 den Doppelsitzer Sk35C. 25 Maschinen entstanden durch den Umbau von J35A. Die Sk35C hatte keine Bewaffnung. Der hintere Sitz für den Fluglehrer wurde erhöht und verfügte zur Verbesserung der Sichtverhältnisse über ein Periskop. Der erste Trainer flog nach der Umrüstung am 30. Dezember 1959. Der Prototyp der Sk35C verblieb bei Saab, die restlichen 24 übernahm in den Jahren 1960/1961 die F16. Die mit dem leistungsstärkeren RM6C Triebwerk und SFA-67 Nachbrenner ausgerüstete Version hieß J35D. Der Serienbau wurde im Herbst 1962 aufgenommen. Diese Variante wurde mit dem automatischen Flugsteuerungssystem FH 5 und einem Zero-Zero-Schleudersitz ausgerüstet. Als Erprobungsträger wurde eine J35A umgebaut, am 27.

Saab J35F Draken der F13 aus Schweden. Das Flugzeug ist mit vier Rb 27 ausgerüstet.

Ab 1999 war Österreich das letzte Land, das die Saab 35 Draken einsetzt.

Dezember 1960 zum Erstflug startete. Erster Einsatzverband, der mit der J35D Anfang 1964 ausgerüstet wurde, war die F13.

Für den Einsatz als taktischer Aufklärer entwickelte Saab aus der J35D in den Jahren 1960/1961 die S35E. Äußerlich unterschied sich diese Version durch die Rumpfspitze, die jetzt anstelle des Radars eine Kameraausrüstung aufnahm. Die Kameraausrüstung bestand aus fünf französischen Omera-Kameras. Die beiden im Innenflügel installierten 30-mm-Kanonen wurden durch zwei SKa 24-600 Kameras ersetzt. Außerdem stand noch ein Kamerabehälter mit drei 70-mm-Vinten-Kameras und einem elektronischen Blitzlichtgerät für Allwetter-Aufklärung im Tiefflug zur Verfügung, der unter dem Rumpf aufgehängt wurde. Der erste Aufklärer hob zum ersten Mal am 27. Juni 1963 von der Startbahn ab.

Als Abfangjagdflugzeug leitete Saab 1965 die J35F aus der J35D ab. Als Bewaffnung erhielt diese Version in schwedischer Lizenz gefertigte Luft-Luft-Lenkwaffen. Dies waren vier Rb 27 mit halbaktivem Radar-Zielsuchkopf oder vier Rb 28 mit Infrarot-Zielsuchkopf. Für den Einsatz der Luft-Luft-Lenkwaffen mußte auch die Avionik verbessert werden. An der Unterseite des Rumpfvorderteils wurde ein Infrarot-Sensor angebaut. Ebenso entfiel auf der linken Seite die Kanone. Hier wurde zusätzliche elektronische Ausrüstung eingebaut.

1985 wurden 60 J35F modifiziert und als J35J wieder in den Truppendienst übernommen. Die Flugzeuge wurden für zusätzliche Luft-Luft-Lenkwaffen umgerüstet und mit neuer Avionik versehen. Diese Maschinen werden 1999 außer Dienst gestellt.

Dänemark entschied sich 1969 für die Beschaffung von 51 Saab 35XD. Der Auftrag teilte sich in zwanzig Jagdbomber F-35, zwanzig RF-35 Aufklärer und elf TF-35 (Sk35XD) Waffentrainer. Die RF-35 war mit zwei 30-mm-Kanonen und die TF-35 mit einer 30-mm-Kanonen ausgerüstet, so daß beide Versionen auch für Kampfeinsätze verwendet werden konnten. Die erste dänische Saab 35XD, eine F-35, startete am 29. Januar 1970 zu ihrem Jungfernflug. Ab Sommer 1970 begann die Auslieferung an die Esk.725 in Karup. Mitte 1980 erhielten die dänische Saab 35 eine Aufwertung ihrer Ausrüstung. Diese umfaßte den Einbau eines Navigations- und Angriffscomputers, eine Trägheitsplattform, ein Head-Up-Display, ein Laser-Entfernungsmesser und Zielsuchgerät, das in einem neugestalteten Bug eingebaut wurde. Die Esk.725 wurde am 1. Januar 1992 aufgelöst. Ein Teil der Flugzeuge wurde von der Esk.729 übernommen, die als letzte Draken-Einheit in Dänemark am 31. Dezember 1993 aufgelöst wurde.

Export-Aufträge

Zweiter ausländischer Kunde für Saab Draken war Finnland, das sich im Juni 1970 für die mit J35XS bezeichnete Version entschied, deren Endmontage bei Valmet OY in Finnland erfolgte. Die J35XS entsprach in etwa der J35F. Die Bestellung umfaßte zwölf Flugzeuge. Für das Pilotentraining wurden 1972 sechs J35B aus schwedischen Beständen gemietet. Die erste finnische J35XS startete am 12. März 1974 zu ihrem Erstflug in Linköping und wurde Ende April 1974 den finnischen Luftstreitkräften übergeben. Die sechs gemieteten J35B, in J35BS umbenannt, wurden 1976 zusammen mit sechs J35F und drei Sk35C von der schwedischen Luftwaffe erworben. Als erste Einheit übernahm die in Rovaniemi stationierte HLeLV 11 die J35XS. Insgesamt verfügte Finnland über sechs J35BS, zwölf J35XS, sechs J35FS und drei J35CS.

Letzter Kunde wurde Österreich, das im Mai 1985 einen Vertrag über 24 überholte J35D unterzeichnete. Die Auslieferung begann im Herbst 1987. Die Flugzeuge werden neu als J35Oe bezeichnet.

Hersteller:	Saab Scania, Schweden
Verwendung:	Mehrzweckkampfflugzeug
Besatzung:	1
Triebwerk:	Ein Strahltriebwerk Volvo Flygmotor RM6C mit 56,64 kN (5765 kp) Standschub ohne und 76,93 kN (7830 kp) mit Nachbrenner

Abmessungen und Leistungen:

Länge:	15,35 m
Höhe:	3,89 m
Spannweite:	9,40 m
Flügelfläche:	49,20 m2
Spurweite:	2,70 m
Rüstmasse:	8250 kg
Tankinhalt:	4000 Liter
Zusatztanks:	5000 Liter
maximale Waffenlast:	6393 kg
normale Startmasse:	11.400 kg
maximale Startmasse als Abfangjagdflugzeug:	12.270 kg
als Erdkampfflugzeug:	15.000 kg
Höchstgeschwindigkeit in 90 m Höhe:	1469 km/h
Höchstgeschwindigkeit in 10.975 m Höhe:	2126 km/h
Steiggeschwindigkeit mit Nachbrenner:	175 m/sek
Dienstgipfelhöhe:	19.995 m
Einsatzradius High-Low-High:	564 km
Überführungsreichweite:	2840 km
Startrollstrecke mit Nachbrenner:	650 m
Startstrecke auf 15 m Höhe mit Nachbrenner:	960 m
Startstrecke mit maximaler Startmasse mit Nachbrenner:	1550 m
Landestrecke:	530 m
Bewaffnung:	Zwei 30-mm-Kanonen Aden M55 sowie Luft-Luft-Lenkwaffen, Raketenbehälter und Bomben verteilt auf sechs Aufhängepositionen unter den Tragflächen und drei unter dem Rumpf.
Erstflug:	25. Oktober 1955

Saab 37 Viggen der F13 mit unterschiedlichen Außenlasten.

Die Saab 37 Viggen wurde als Nachfolger der Saab 32 Lansen entworfen. Die Arbeiten an diesem Projekt begannen Anfang der 60er Jahre. Zur Zeit ist die Saab 37 das Rückgrat der schwedischen Luftwaffe. Im April 1962 wurde Saab mit der endgültigen Entwicklung beauftragt. Nach einigen Änderungen legte man sich auf die Auslegung des Flugzeugs im Mai 1963 fest. Als Triebwerk wählte man das JT8D-22 von Pratt & Whitney aus, das später von Svenska Flygmotor unter der Bezeichnung RM8 in Lizenz gefertigt wurde. Die Leistung lag bei 65,7 kN. Mit der Fertigung des Prototyps 37-1 wurde im September 1964 begonnen. Die Montage konnte im Oktober 1966 abgeschlossen werden. Insgesamt wurden sieben Prototyp gebaut. Bereits ab Februar 1965 erfolgte die Erprobung der vorgesehenen Avionik in einer Saab 32 Lansen.

Die erste Saab 37 absolvierte ihren Erstflug mit Eric Dahlström im Cockpit am 8. Februar 1967. Ein halbes Jahr später, am 21. Septem-

> **INFO ▶ Die Saab 37 wurde als Nachfolgemuster für die Saab 32 Lansen entwickelt. Sie ist bis zur endgültigen Einführung der Saab JAS 39 das Rückgrat der schwedischen Luftwaffe. Wie auch die Saab 35 kommt sie für alle Aufgaben zum Einsatz. Ab 1992 wurden über 100 Flugzeuge zur Mehrzweckversion AJS37 modifiziert.**

ber 1967, flog auch der zweite Prototyp. Der dritte Prototyp folgte am 29. März 1968, der vierte am 28. Mai 1968 und der fünfte am 17. Mai 1969. Die Saab 37-1 diente zur Erprobung der Flugeigenschaften; für die Erprobung des Triebwerks wurde die Saab 37-4 verwendet, und mit der Saab 37-5 führte man die Einsatzerprobung durch. Der siebte und letzte Prototyp war ein Doppelsitzer Sk 37, dessen Entwicklung parallel verlief. Ihren 70-minütigen Erstflug absolvierte die Sk 37 am 2. Juli 1970. Geflogen wurde sie von Per Pelleberg. Der Platz für das zweite Cockpit wurde durch den Ausbau des vorderen Tanks im Rumpfmittelteil geschaffen. Aus Stabilitätsgründen wurde die Seitenflosse nach oben vergrößert. Die Sk37 kann in ihrer zweiten Rolle für Tiefangriffe eingesetzt werden und bis zu 6000 kg Waffen mitführen.

Aufklärer-Version SF 37

Im Sommer 1967 lief die Serienfertigung des inzwischen mit Viggen bezeichneten Flugzeugs an. Am 5. April 1968 bestellte die schwedische Luftwaffe von der Version AJ37 (Kampfflugzeug) 150 Einheiten und von der Sk37 (Schulflugzeug) 25 Flugzeuge. Die erste AJ37 aus der Serie flog am 23. Februar 1971, sie wurde am 21. Juni 1971 an die Flygflottilj 7 (F7) in Satenäs übergeben und löste dort die A32A Lansen ab.
Als nächste Version wurde ab Dezember 1970 der taktische Aufklärer SF37 als Nachfolgemuster für die S35E Draken entwickelt. Der Erstflug erfolgte am 21. Mai 1973 und die Auslieferungen begannen 1977. Die letz-

te von 28 SF37 wurde am 7. Februar 1980 an die F21 in Lulea übergeben. Die SF37 ist ein Allwetter-Aufklärer und für Einsätze bei Tag und Nacht geeignet. Außer Luft-Luft-Lenkwaffen Rb74 (AIM-9L Sidewinder) für die Selbstverteidigung konnte sie keine Waffen mitführen.
Die Kameraausrüstung besteht aus einer im Bug eingebauten VKA702 Infrarotkamera, zwei senkrecht eingebauten 70 mm Kameras für Aufnahmen aus großen Flughöhen und vier Kameras für den Einsatz in geringer Höhe. Außerdem ist sie noch mit dem Red Baron Infrarot-Zeilenabtaster und mit ECM-Behälter ausgerüstet.

Abfangjäger JA 37

Eine weitere Aufklärervariante ist die SH37, die für die Hochseeaufklärung eingesetzt wird. Die SH37 wurde aus der AJ37 umgebaut. Der erste Prototyp flog am 10. Dezember 1973. Äußerlich unterscheidet sie sich von der SF37 durch ihren Radom, in den ein

Saab JA37 der F4 über dem verschneiten Nordschweden.

Acht Saab JA37 in Linie von der 4 Jamtlands Flygflottily aus Ostersund/Froson.

modifiziertes Ericsson PS-37 Radar eingebaut ist.

Für die Aufklärung führt sie in einem Kamerabehälter an der Rumpfstation eine SKA24D Kamera mit großer Reichweite mit, deren Objektiv eine Brennweite von 600 mm hat. An den Flügelstationen können noch ECM-Behälter, drei Infrarot-Kameras und Luft-Luft-Lenkwaffen zur Selbstverteidigung mitgeführt werden. Im linken Rumpfbehälter ist noch ein Beleuchtungssystem für die Nachtaufklärung untergebracht. Im Gegensatz zur SF37 kann die SH37 für Kampfaufgaben über See eingesetzt werden. Als erster Verband übernahm die F13 in Norrköping im Oktober 1976 die SH37. Zwischen 1977 und 1979 wurden 27 SH37 gebaut.

Von der Viggen gibt es auch eine Version für den Einsatz als Abfangjäger. Die Entwicklung der mit JA37 bezeichneten Maschine begann 1968. Die schwedische Luftwaffe griff den Vorschlag 1972 auf. Für die Erprobung wurden vier AJ37 umgebaut. Der erste Prototyp startete am 4. Juni 1974. Für den Antrieb wurde das schubstärkere RM8B-Triebwerk von Volvo Flygmotor vorgesehen. Für seine Erprobung kam der zweite Prototyp zum Einsatz, der am 27. September 1974 seinen Erstflug absolvierte. Gleichzeitig wurde mit dieser Maschine auch die neue Bewaffnung getestet, die an der Rumpfunterseite halbversenkt eingebaut wurde und aus einer 30-mm-Kanone KCA von Oerlikon mit 150 Schuß bestand. Die Kanone hat eine Schußfolge von 1350 Schuß/min. Die Avionik der JA37 wurde mit dem dritten und vierten Prototyp getestet. Beide Maschinen starteten am 22. November 1974 und am 30. Mai 1975 zu ihren Erstflügen. Eine fünfte Maschine, die dem Vorserienstandard entsprach und neu gebaut worden war, flog am 19. Dezember 1975, die erste Serienmaschine am 4. November 1977.

Die Avionik wurde grundlegend geändert, was auch der Grund für die zwei dafür vorgesehenen Erprobungsträger war. Als Radar kommt das Multifunktions-Doppler-Radar PS-46/A von Ericsson zum Einbau. Des weiteren ist das Trägheits-Navigationssystem KT-70L und der Zentralrechner SKC-2037, beide von Singer-Kearfott, neu. Außerdem besteht die Ausrüstung aus dem Head-Up-Display ED 102B von Svenska Radio und einer digitalen Flugführungsanlage SA07 von Saab und Honeywell.

Mehrzweck-Version AJS 37

Bei der JA37 wurde noch die vergrößerte Seitenflosse des Trainers SK37 angebaut.
Neben der Kanone kann die JA37 noch die Luft-Luft-Lenkwaffen Rb72 mit Infrarot-Suchkopf und die Rb71 mitführen.
Anfang Oktober 1974 bestellte die schwedische Luftwaffe 30 JA37, es folgte eine weitere Bestellung über 60 Flugzeuge und im März 1980 nochmals 59 Einheiten.
Im Juni 1992 fiel die Entscheidung, 115 Saab AJ37, SF37 und SH37 zu der neuen Mehrzweckversion AJS37 zu modifizieren. Die Flugzeuge können somit für den Erdkampfeinsatz, als Jagdflugzeug und als Aufklärer eingesetzt werden. Sie werden mit neuen Rechnern und Prozessoren ausgerüstet. Außerdem können die Waffensysteme der JAS39 Gripen wie die Anti-Schiffs-Rakete Saab Rb15F, die BK/DWS-Werfer, verschiedene Luft-Luft-Lenkwaffen sowie ECM- und Aufklärungsbehälter eingesetzt werden. Die ersten umgerüsteten Flugzeuge wurden ab 1993 an vier Einsatzverbände ausgeliefert.

Hersteller:	Saab Scania, Schweden
Verwendung:	Allwetter-Abfangjagdflugzeug
Besatzung:	1
Triebwerk:	Ein Mantelstromtriebwerk Volvo Flygmotor RM8B mit 72,06 kN (7334 kp) Standschub ohne und 125,04 kN (12.726 kp) mit Nachbrenner

Abmessungen und Leistungen:

Länge mit Staurohr:	16,40 m
Länge ohne Staurohr:	15,45 m
Höhe:	5,90 m
Spannweite:	10,60 m
Flügelfläche:	52,70 m2
Radstand:	5,69 m
Spurweite:	4,76 m
Rüstmasse:	8130 kg
normale Startmasse:	15.000 kg
maximale Startmasse:	17.000 kg
Höchstgeschwindigkeit in 10.975 m Höhe:	2126 km/h
Höchstgeschwindigkeit in 300 m Höhe:	1410 km/h
Steiggeschwindigkeit:	101,6 m/sek
Steigzeit auf 10.000 m Höhe:	1 min 40 sek
Dienstgipfelhöhe:	18.290 m
Einsatzradius:	1126 km
Startstrecke:	400 m
Landestrecke:	500 m
Bewaffnung:	Eine 30-mm-Revolverkanone Oerlikon KCA mit 150 Schuß, vier Luft-Luft- Lenkflugkörper BAeD Rb 71 Sky Flash, Rb 74 (AIM-9L) Sidewinder sowie neun Flügelstationen für Zusatztanks und sechs 13,5 cm Bofors Luft-Boden-Raketen.
Erstflug:	27. September1974

Der Prototyp des Doppelsitzers JAS 39B Gripen.

Wie die Bezeichnung JAS schon aussagt, wurde die Gripen als Mehrzweckflugzeug ausgelegt, das sowohl als Jagdflugzeug für den Erdkampf und als Aufklärer eingesetzt werden kann. Es sind keine Spezialversionen mehr notwendig, da die entsprechende Software im Bordcomputer gespeichert ist und nur noch nach Bedarf aufgerufen werden muß. Die dazugehörige Ausrüstung ist in Modulen aufgebaut und kann schnell ausgewechselt werden. Das Flugzeug erkennt selbst, welche Waffen an die Außenlaststationen gehängt werden. Für einen Jagdeinsatz kann die Gripen in zehn Minuten aufgetankt und bewaffnet werden.

Neben dem Einsitzer JAS39 wurde für Schulungszwecke noch der Doppelsitzer JAS39B entwickelt. Bestellt sind zur Zeit in drei Serien 176 JAS39 und 28 JAS39B.

INFO ▶ Die Saab JAS 39 Gripen kam als erstes Flugzeug der vierten Generation in den aktiven Truppendienst. Sie ist ein reines Mehrzweckflugzeug, da für die einzelnen Aufgaben keine speziellen Versionen gebaut werden müssen. Einzige Abweichung ist der Doppelsitzer JAS 39B, der aber auch voll kampffähig ist.

Triebwerk von General Electric

Für die Entwicklung und Fertigung der Gripen wurde Ende 1980 die JAS Industriegruppe von Saab-Scania, Volvo Flygmotor, Ericsson-Radarelektronik und FFV Aerotech gegründet.

Der erste Entwurf wurde 1981 dem schwedischen Beschaffungsamt vorgelegt. Ausgelegt wurde die JAS39 nur mit einem Triebwerk mit Deltaflügel und Canards.

Das Triebwerk ist eine Weiterentwicklung des F404J von General Electric, die zusammen mit Volvo Flygmotor durchgeführt wurde und in Schweden unter der Bezeichnung RM12 hergestellt wird. Es hat einen Standschub von 54 kN (5510 kp) ohne und 80,5 kN (8210 kp) mit Nachbrenner.

Wichtige Voraussetzung bei der Entwicklung war der Einsatz von V90-Schnellstraßen, die in Schweden zum Teil als Kriegsflugplätze dienen. Diese Straßen sind asphaltiert, aber die zur Verfügung stehende Startstrecke beträgt rund 880 m. Ein weiterer wichtiger Punkt war die Voraussetzung, daß die Flugzeuge im Winter von den Zeitsoldaten mit Pelzhandschuhen gewartet werden können. Für die Erprobung wurden fünf Prototypen bestellt. Der erste, die 39-1, hatte am 26. April 1987 ihren Roll-out. Der Erstflug mit einer Dauer von 51 Minuten erfolgte allerdings erst am 9. Dezember 1988 mit Stig Holmstrom im Cockpit. Die lange Zeit zwischen Roll-out und Erstflug ist in der Entwicklung der komplexen Bordsysteme und der Software für die Rechner begründet. Trotz dieser langen Entwicklungzeit stürzte die 39-1 bei ihrem sechsten Testflug am 2. Februar 1989 wegen eines Softwarefehlers im Landeanflug ab. Dabei wurde sie so schwer beschädigt, daß eine Reparatur sich nicht mehr lohnte. Die Überarbeitung der Software, die bei Calsan in den USA durchgeführt wurde, dauerte 15 Monate, so daß der Erstflug des zweiten Prototyps erst am 4. Mai 1990 erfolgte. Die integrierte Flugsteuerung wurde mit der 39-2 erprobt. Als nächstes flog die 39-4 mit der kompletten Avionikausrüstung am 20. Dezember 1990 und die 39-3 ebenfalls mit der kompletten Avionikausrüstung und zusätzlich mit dem PS-05/A-Mehrzweckradar von Ericsson/GEC Ferranti am 25. März 1991. Der letzte Prototyp, die 39-5, hob zum ersten Mal am 23. Oktober 1991 ab. Am 21. April 1993 wurde

JAS 39 Gripen beim Start in Satenäs.

In dieser Lackierung wurde der zweite Prototyp des JAS 39 Gripen für Trudelversuche eingesetzt.

der 1000. Testflug durchgeführt. Das erste Serienflugzeug, die 39-101, nahm am 4. März 1993 die Flugerprobung auf. Pilot war an diesem Tag Lars Rådeström. Am 18. August 1993 ging die zweite Gripen verloren. Während einer Flugvorführung in Stockholm verlor Lars Rådeström infolge harter Steuerausschläge die Kontrolle über die erste Serienmaschine (39-101) und mußte mit dem Schleudersitz aussteigen. 1877 der geplanten 2400 Testflüge wurden bis September 1995 absolviert und dabei 95 Prozent der vertraglich fixierten Leistungsnachweise erbracht.

Doppelsitzer-Version

Die erste Serienmaschine (39-102) wurde am 8. Juni 1993 an die F7 der schwedische Luftwaffe in Satenäs übergeben. Somit war die Gripen das erste Flugzeuge der vierten Generation, das in den aktiven Truppendienst ging. Die volle Einsatzbereitschaft der Gripen wurde nach verschiedenen Übungen am 30. Oktober 1997 offiziell bestätigt.

Der erste Doppelsitzer, hatte am 29. September 1995 seinen Roll-out. Für die Beschaffung der JAS 39B entschied sich die schwedische Luftwaffe erst 1992. Wie sich schon aus der Typenbezeichnung schließen läßt, handelt es sich bei der JAS39B um ein voll einsatztaugliches Kampfflugzeug mit Doppelsteuer für die taktische Ausbildung. Um Platz für das zweite Cockpit zu gewinnen, wurde der Rumpf um 65 cm verlängert. Auf den Einbau der 27 mm Kanone von Mauser wurde verzichtet. Alle anderen Waffen können jedoch mitgeführt werden. Die Waffen können auch vom hinteren Cockpit aus eingesetzt werden. Allerdings besitzt dieses kein Head-Up-Display, ist aber sonst mit dem vorderen Cockpit identisch. Die 39-800 absolvierte am 29. April 1996 in Linköping ihren Erstflug.

Beim dritten Serienlos, in dem 64 Flugzeuge gefertigt werden, kommt das Ericsson-PS-05/A-Radar mit erheblich gesteigerter Rechnerleistung zum Einbau. Dadurch wird das System gegen gegnerische Störmaßnahmen unempfindlicher und die Zuverlässigkeit erhöht sich um fast 50 Prozent. Im Cockpit werden die drei Schwarzweiß-Bildschirme baldmöglichst durch größere farbige Multifunktionsbildschirme (15 x 20 cm) ersetzt, die kompatibel zu Nachtsichtbrillen sind. Außerdem wird eine FADEC-Triebwerkssteuerung eingebaut, und die Maschinen können mit einer Luftbetankungssonde ausgerüstet werden.

Export nach Südafrika

Für die Gripen gibt es viele Interessenten. Für den Verkauf der Gripen ins Ausland haben sich Saab und British Aerospace zusammengeschlossen. Erster Kunde, der gewonnen werden konnte, ist Südafrika. Im Rahmen eines umfangreichen Modernisierungsprogramms für die südafrikanischen Streitkräfte bestellte das Land 28 JAS 39 Gripen sowie 24 BAe Hawk in der LIFT-Version (Lead in Fighter Trainer).

Weitere Interessenten sind Brasilien mit etwa 50 Flugzeugen, Chile mit zunächst 16 bis 24 Flugzeugen, die Anzahl kann sich aber auf 80 Einheiten erhöhen, Österreich 30 Maschinen, Philippinen 24 Flugzeuge, Polen 50 bis 100 Einheiten, Ungarn 30 Flugzeuge und Tschechien 36. In den nächsten 20 Jahren sehen British Aerospace und Saab die Chance, rund 250 Flugzeuge verkaufen zu können.

Hersteller:	Saab Scania, Schweden
Verwendung:	Mehrzweckkampfflugzeug
Besatzung:	1
Triebwerk:	Ein Mantelstromtriebwerk Volvo RM12 mit 54 kN (5496 kp) Standschub ohne und 80,5 kN (8193 kp) mit Nachbrenner

Abmessungen und Leistungen:

Länge:	14,10 m
Höhe:	4,50 m
Spannweite:	8,40 m
Radstand:	5,30 m
Spurweite:	2,60 m
Rüstmasse:	6622 kg
Tankinhalt:	2270 kg
maximale Waffenlast:	4200 kg
normale Startmasse:	8700 kg
maximale Startmasse:	12.473 kg
Höchstgeschwindigkeit in Meereshöhe:	1470 km/h
Höchstgeschwindigkeit in 11.000 m Höhe:	2555 km/h
Steigzeit auf 14 000 m:	3 min
Dienstgipfelhöhe:	20.000 m
Einsatzradius als Abfangjäger mit zwei Rb 24 Sidewinder und Rb 72 Sky Flash:	400 km
Überführungsreichweite:	3000 km
Startstrecke: 400 m	
Landestrecke:	500 m
g-Belastung:	+9

Bewaffnung: Eine 27-mm-Kanone Mauser BK27. An sieben Außenstationen können folgende Waffen mitgeführt werden: Zwei Rb 24 (AIM-9) Sidewinder an den Flügelspitzen, vier Luft-Luft-Lenkwaffen Rb 72 Sky Flash, vier AIM-120 AMRAAM, vier Rb 75 Maverick, zwei Saab RBS 15F Anti-Schiffs-Lenkwaffe, zwei Dasa DWS 39, vier Bofors Raketenbehälter, konventionelle Bomben und EloKa- und Aufklärungsbehälter.

Erstflug:	9. Dezember 1988

SEPECAT Jaguar A der Armée de l´Air im Anflug auf ein Tankflugzeug.

Die Jaguar ist eine französisch-britische Gemeinschaftsentwicklung, die 1965 begann. Die Firma SEPECAT (Societé Européenne de Production de l´ Avion Ecole de Combat et Appui Tactique) wurde zu diesem Zweck gegründet. Zuvor schon liefen in Frankreich die Entwicklung der Breguet Br.121 und in England bei der British Aircraft Corporation die Planungen der P.45.

Fünf Versionen

Am 17. Mai 1965 unterzeichneten die beiden Länder einen Vertrag über die gemeinsame Fertigung eines Flugzeugs auf der Basis der Breguet Br.121. Beide Länder verpflichteten sich in dem Vertrag zur Abnahme von zunächst je 150 Flugzeugen. Der Bedarf wurde im Januar 1968 auf jeweils 200 Maschinen erhöht, wobei der französische Auftrag 160 Jaguar A und 40 Jaguar E, der britische Auftrag 165 Jaguar GR.Mk 1 und 38 Jaguar T.Mk 2 beinhaltete. Die Jaguar T.Mk 2 waren in ihrer Zweitrolle auch als taktisches Kampfflugzeug einsetzbar.
Es wurde die Entwicklung von fünf Versio-

INFO ▶ Gemeinschaftsentwicklung eines taktischen Kampfflugzeugs von Breguet und British Aircraft Corporation. Die Jaguar löste bei der Armée de l´Air die Mystere IV und bei der RAF die Hawker Hunter ab. Die Entwicklung der französischen Marineversion wurde eingestellt. Ein Teil der englische Flugzeuge wurde modifiziert.

nen vereinbart. Dies waren die Jaguar A, ein einsitziges taktisches Kampfflugzeug, das auf den Bedarf der Armée de l´Air zugeschnitten war, die Jaguar B, ein zweisitziger Fortgeschrittenentrainer, der dann bei der RAF mit Jaguar T bezeichnet wurde, die Jaguar E, ebenfalls ein zweisitziger Fortgeschrittenentrainer, diesmal aber für die Armée de l´Air, die Jaguar M war ein einsitziges taktisches Kampfflugzeug für die französische Marine und die Jaguar S (später bei der RAF mit Jaguar GR bezeichnet), als einsitziges taktisches Kampfflugzeug für die RAF. Die Triebwerksentwicklung wurde ebenfalls gemeinsam durch die Firma Rolls-Royce/Turbomeca durchgeführt. Das neue Mantelstromtriebwerk erhielt den Namen Adour. Der erste Probelauf auf dem Prüfstand erfolgte im Mai 1967.

Für die Erprobung wurden acht Prototypen vorgesehen. Die erste Maschine, die am 17. April 1968 die Werkshalle verließ, war der französischer Doppelsitzer E.01. Nach den ersten Bodenerprobungen wurde das Flugzeug nach Istres gebracht, wo am 8. September 1968 die Flugerprobung aufgenommen

wurde. Mit der E.01 wurde das Flugverhalten der Maschine ermittelt. Auf Grund eines Triebwerkfehlers stürzte sie am 26. März 1969 bei Istres ab. Auch der zweite Prototyp war wieder ein Doppelsitzer, die E.02. Sie absolvierte ihren Erstflug am 11. Februar 1969. Mit ihr wurden Trudel- und Flatterversuche sowie Triebwerkstests durchgeführt. Es folgten die Einsitzer Jaguar A.03 und A.04. Diese starteten am 23. März und 27. Mai 1969 zu ihrem Erstflug. Die erste Jaguar, die bei der BAC gebaut wurde, war die S.06 (XX560). Ihr Jungfernflug erfolgte am 12. Oktober 1969 in Warton. Als nächste Maschine hob der Prototyp M.05, der für die Aeronale bestimmten Version am 14. November 1969 ab. Die beiden letzten Prototypen baute wieder BAC. Dies war die einsitzige S.07, die am 12. Juni 1970 flog, und der Trainer B.08 (XX566), der am 30. August 1971 seinen Erstflug durchführte.

Im Juli 1970 führte die M.05 auf dem englischen Flugplatz Bedford eine simulierte Trägererprobung durch. Die Versuche wurden anschließend an Bord des französischen Flugzeugträgers Clemenceau weiter-

Zum 80-jährigen Bestehen der SPA31 wurde diese SEPECAT Jaguar B mit einem Jubiläumsanstrich versehen.

BAe Jaguar GR.Mk1A der No 41 Squadron während der Luftwaffenübung Maple Flag in Cold Lake in Kanada.

geführt. Die Entwicklung der Marineversion M.05 wurde 1972 zugunsten der Dassault Super Etendard eingestellt.

Exportversion

Eine Jaguar E für die französische Luftwaffe wurde als erstes Serienflugzeug fertiggestellt und startete am 8. September 1968. Die Auslieferungen an die Armée de l'Air begann im Januar 1973. Als erste Staffel übernahm die EC 1/7 in St. Dizier die Jaguar A.

Die Jaguar GR.1 wurde zwischen Juni 1974 und 1978 an die RAF ausgeliefert. Erste Staffel war die No. 54 Squadron in RAF Coltishall. 40 Jaguar der RAF werden zu Jaguar GR.3 (auch als Jaguar 97 bezeichnet) modifiziert. Die erste umgebaute Maschine absolvierte ihren Erstflug im März 1998. Die Flugzeuge erhalten eine modernere Avionik, GPS, farbi-

ge Multifunktionsbildschirme, ein Weitwinkel Head-Up-Display, ein Freund-Feind-Erkennungsgerät und das Laser-Zielerkennungs- und Erfassungssystem TIALD. Außerdem ist der Austausch des Triebwerks vorgesehen. Die Flugzeuge sollen das leistungsstärkere Adour Mk 106 erhalten.

Die Serienfertigung für die Armée de l'Air und die RAF wurde 1981 mit der Auslieferung einer Jaguar A an die französische Luftwaffe beendet.

Einige Länder zeigten schon während der Erprobung der Jaguar Interesse an dem neuen Kampfflugzeug. Daraufhin entschloß sich SEPECAT für die Entwicklung der Jaguar International, die im August 1974 vorgestellt wurde. Diese Exportversion erhielt leistungsstärkere Triebwerke Adour Mk.804, die mit Nachbrenner eine Leistung von 36,4 kN haben. Die Waffenlast wurde bei der Jaguar International erheblich erhöht. Die externen

Aufhängepunkte wurden durch Mehrfach-aufhängungen ersetzt und zwei zusätzliche Außenstationen anstelle der Grenz-schichtzäune auf der Flügeloberseite vorge-sehen. An diesen Befestigungen kann je eine Matra R.550 Magic mitgeführt werden.

Montage in Indien

Erster Kunde war Oman. Dorthin konnten zwölf Flugzeuge verkauft werden, zehn Jaguar OS und zwei Doppelsitzer Jaguar OB. Die Auslieferung begann im März 1977. Weitere zehn Jaguar OS und zwei Jaguar OB wurden 1983 geliefert, sowie ein Doppelsit-zer Jaguar T.Mk 2 (1982) und ein Einsitzer Jaguar GR.1 (1986) aus RAF Beständen.

Als zweites Land bestellte Ecuador zehn Jaguar ES und zwei Doppelsitzer Jaguar EB. Die erste Maschine aus dieser Bestellung, eine Jaguar EB, flog am 19. August 1976. Die Auslieferung begann 1977. Angeblich erwarb Ecuador 1991 nochmals drei Jaguar GR.1 aus RAF Beständen.

Größter Exportkunde wurde Indien. 1979 wurde die Bestellung von 116 Jaguar bekanntgegeben. Bei 35 Einsitzer Jaguar IS und fünf Doppelsitzer Jaguar IT wurde bei HAL aus vorgefertigten Teilen die Endmon-tage durchgeführt. Die erste in Indien montierte Maschine flog im März 1982. Acht Jaguar IS wurden mit einem Agave-Radar ausgerüstet und können mit der Anti-Schiffs-Rakete BAe Sea Eagle ausgerüstet werden. Sie führen jetzt die Bezeichnung Jaguar IM. Die erste Jaguar IM flog im November 1985. Als letzter Kunde erwarb 1984 Nigeria 13 Jaguar SN und fünf Jaguar BN.

Hersteller:	SEPECAT, Frankreich
	Dassault, Frankreich
	British Aerospace, Großbritannien
Verwendung:	Mehrzweck-Kampfflugzeug
Besatzung:	1
Triebwerk:	Zwei Mantelstromtriebwerke Rolls-Royce/Turbomeca Adour Mk.102 mit je 22,75 kN (2100 kp) Stand-schub ohne und 32,49 kN (3240 kp) mit Nachbrenner

Abmessungen und Leistungen:

Länge (ohne Staurohr):	15,52 m
Länge (mit Staurohr):	16,83 m
Höhe:	4,89 m
Spannweite:	8,69 m
Flügelfläche:	24,18 m2
Radstand:	5,69 m
Spurweite:	2,41 m
Rüstmasse:	7000 kg
Tankinhalt:	3337 kg
Außentank:	2844 kg
maximale Waffenlast:	4536 kg
normale Startmasse:	10.954 kg
maximale Startmasse:	15.700 kg
Höchstgeschw. in 10.975 m Höhe:	1699 km/h
Höchstgeschw. in Meereshöhe:	1350 km/h
Einsatzradius high-low-high:	852 km
Einsatzradius low-low-low:	537 km
Überführungsreichweite:	3524 km
Steigzeit auf 9145 m:	1 min 30 sek
Dienstgipfelhöhe:	14.000 m
Startrollstrecke:	565 m
Startrollstrecke mit vier 454 kg Bomben:	500 m
Startstrecke auf 15 m Höhe:	940 m
Landerollstrecke:	470 m
Landestrecke aus 15 m Höhe:	785 m
g-Belastung:	+8,6/+12

Bewaffnung: Zwei 30-mm-Aden-Kanonen sowie verschiedene Bomben, darunter 454 kg laser-gelenkte Bomben, AS 30L Raketen, AS 37 Martel Anti-Radar-Raketen und Matra Magic Luft-Luft-Lenkwaffen an fünf Waffenstationen.

Erstflug:	23. März 1969

Tschechische Su-25 mit Haifisch-Bemalung.

Die Entwicklung der Su-25 begann Ende der 60er Jahre. Ihr eigentlicher Ursprung ist aber in der Iljuschin Il-2 Stormowik zu suchen. Die sowjetische Luftwaffe hatte kein Interesse an der Entwicklung eines Erdkampfflugzeugs. Pawel O. Suchoj aber war auf Grund der Erfahrungen aus dem Zweiten Weltkrieg von der Notwendigkeit eines solchen Flugzeugs überzeugt. Er entwarf immer wieder ein Flugzeug, das

INFO ▸ Die Su-25 Frogfoot ist das russische Gegenstück zur Fairchild A-10A Thunderbolt II. Sie wurde als reines Erdkampfflugzeug und als Panzerjäger entwickelt. Auf Grund ihrer technischen Auslegung ist die Su-25 beschußunempfindlich. Ihre Feuertaufe erlebte sie in Afghanistan.

zur Unterstützung der Infanterie und zur Panzerbekämpfung eingesetzt werden konnte. Als jedoch die USAF 1966 eine Ausschreibung für ein AX-Flugzeug, die spätere Fairchild A-10 ThunderboltII, herausgab, wurden auch die Verantwortlichen der Roten Armee aufmerksam. 1972 konnte Suchoj die Entwicklung offiziell aufnehmen. Der daraus resultierende Prototyp erhielt die Bezeichnung T-8-1. Diese Maschine absolvierte am 22. Februar 1975 in Zhukhovski mit Wladimir Iljuschin im Cockpit seinen Erstflug. Die zweite Maschine, die T-8-2 erhielt einige Verbesserungen und war mit einem mit Titan gepanzerten Cockpit gegen Bodenbeschuß ausgestattet. Beide Flugzeuge waren mit einem SPPU-22-01 Kanonenbehälter bewaffnet. Die Kanone hat ein Kaliber von 23 mm. Für den Antrieb sorgten zwei Tumanski RD-9A mit einem Schub von 25.5 kN (2600 kp). Diese Triebwerke waren zu diesem Zeitpunkt allerdings schon veraltetet. Auch stellte sich heraus, daß ihre Leistung nicht ausreichte. Die T-8-2 wurde im März 1976 auf das schubstärkere R-95Sh-Triebwerk umgerüstet. Das besondere an dem Triebwerk war, daß jeder zur Verfügung stehende Treibstoff verwendet werden konnte.

Die Serienflugzeuge erhielten dann die Bezeichnung Su-25.

Einsatz in Afghanistan

Die ersten Kampfeinsätze der Su-25 wurden in Afghanistan geflogen. Zur Erprobung wurde der erste und der dritte Prototyp in dieses Land verlegt. Der Einsatz dauerte vom 16. April bis zum 5. Juni 1980, wobei 70 Kampfeinsätze geflogen wurden. Dabei zeigte sich auch, daß das neue Triebwerk mit einer Startleistung von 39,2 kN (4000 kp) in den heißen und hochgelegenen Regionen zu schwach war. An 4. Februar 1981 wurde die 200. unabhängige Kampfstaffel aufgestellt und ab April zunächst mit zwölf Su-25 ausgerüstet. Am 18. Juni 1981 verlegte die Einheit nach Afghanistan. Die Su-25 war in großer Zahl in Afghanistan im Einsatz. Mit ihr wurden über 60.000 Kampfeinsätze geflogen, wobei 23 Flugzeuge verloren gingen.

Die Exportversion wird mit Su-25K bezeichnet. Erster Kunde wurde die Tschechoslowakei, die 36 Flugzeuge erhielt.

Einige Su-25 wurden zu Zielschleppern umgebaut und erhielten die Bezeichnung Su-25BM. Bei diesen Maschinen wurden die Kanone und die Lasereinrichtung ausge-

In Anlehnung an den NATO-Codenamen Frogfoot erhielt diese Su-25 der tschechischen Luftwaffe eine Frosch-Bemalung und einen Frosch auf das Seitenleitwerk.

Doppelsitzer Su-25UB des 368. Jagdbomberregiments.

baut. Dafür erhielten sie eine TO-70 Schlepp-zielwinde und Kometa Zielflugkörper.

Ab 1987 kam in der Serienfertigung das neue R-195 Triebwerk zum Einbau. Nach 330 gebauten Su-25 Frogfoot-A wurde 1989 in Tbilisi die Produktion eingestellt.

Zwei noch nicht fertiggestellte Su-25 wurden zu Doppelsitzer T-8-UB umgebaut, die 1985 zum ersten Mal flogen. Die Serienfertigung der Su-25UB Frogfoot-B begann 1987 und lief bis 1991. Sie ist mit zwei K-36D Schleu-dersitzen in Tandemanordnung ausgerüstet, wobei das hintere Cockpit des Fluglehrers erhöht eingebaut wurde. Die Seitenflosse wurde auf 5,20 m verlängert. Als Antrieb dienen zwei R-195 Triebwerke.

Eine weitere Version des Schulflugzeugs ist die Su-25UT, die um 17 cm kürzer ist. Sie wird von zwei R-95Sh angetrieben und sollte der Nachfolger der Aero L-29 und L-39 bei der Luftwaffe und den Reservestreitkräften DOSAAF werden. Der Erstflug erfolgte am 6. August 1985. Später wurde sie in Su-28 umbenannt.

Flugzeugträger-Version

Für den Einsatz auf Flugzeugträgern wurde die Su-25UTG entwickelt, die mit einem Katapultbeschlag und Fanghaken ausgerüstet wurde. Die Maschine wurde aus einer Su-25 umgebaut und startete 1987 zu ihrem Erstflug. Zehn Vorserienflugzeuge sollen bestellt worden sein.

Letzte Version ist die Su-25T, die zur Panzer-bekämpfung vorgesehen war. Die Entwick-lungsarbeiten begannen 1984, wobei alle

Erkenntnisse aus Afghanistan mit einflossen. Die Su-25T, die die Werksbezeichnung T-8M hat, wurde aus einer Su-25UB umgebaut. Sie verfügt nur noch über ein Cockpit, wobei die Position des hinteren Cockpits beibehalten wurde. Insgesamt wurden drei Prototypen aus Su-25UB umgebaut. Der erste flog am 17. August 1984. Zehn Vorserienflugzeuge mit unterschiedlicher Ausrüstung wurden gebaut.

Einsitzer Su-25T

Bei der Su-25T wurde hinter dem Cockpit ein vergrößerter Tank eingebaut, der die interne Treibstoffkapazität auf 3840 kg erhöht. Auf der rechten vorderen Rumpfunterseite ist eine GSh-30/II-Kanone eingebaut. An weiteren Waffen können an den Außenstationen zwei SPPU-22-01-Behälter mit je einer GSh-23-Kanone mit 260 Schuß, bis zu 16 Panzerabwehrraketen, lasergelenkte Kh-25ML-Raketen, Luft-Boden-Raketen Kh-29L und Kh-58-Anti-Radar-Raketen mitgeführt werden. Im Bug befindet sich ein TV sowie ein Laser- und ein optisches Zielgerät. Zielverfolgung und Waffenauslösung erfolgen automatisch. In einem Behälter kann ein nach vorn gerichtetes Infrarot-Gerät und ein Restlicht-TV mitgeführt werden, was der Su-25T erlaubt, auch Nacht- und Schlechtwettereinsätze zu fliegen. Zur Navigation wird das Doppler-Trägheitsnavigationssystem KN-23 verwendet. Für den Einsatz auf Flugzeugträgern wurde die Su-25TP entworfen und vermutlich ein Versuchsmuster gebaut. Sie basiert auf der Su-25UTG und soll die Waffensysteme der Su-25T erhalten.

Hersteller:	Suchoj, Rußland
Verwendung:	Erdkampfflugzeug
Besatzung:	1
Triebwerk:	Zwei Strahltriebwerke MNPK Soyuz (Tumansky) R-195 mit je 44,13 kN (4500 kp) Standschub

Abmessungen und Leistungen:

Länge:	15,53 m
Höhe:	4,80 m
Spannweite:	14,36 m
Flügelfläche:	30,10 m2
Rüstmasse:	9800 kg
Tankinhalt:	5000 kg
maximale Waffenlast:	4000 kg
normale Startmasse:	14.600 kg
maximale Startmasse:	18.600 kg
Höchstgeschwindigkeit ohne Außenlasten auf Meereshöhe:	950 km/h
Dienstgipfelhöhe:	7000 m
Einsatzradius mit 4000 kg Waffenlast und zwei Zusatztanks High-Low-High:	495 km
Einsatzradius mit 2000 kg Waffenlast im Tiefflug:	400 km
Startrollstrecke auf einer befestigten Startbahn:	600 m
Startrollstrecke auf einer unbefestigten Startbahn:	1200 m
Landerollstrecke ohne Bremsschirm:	600 m
Landerollstrecke mit Bremsschirm:	400 m

Bewaffnung: Eine AO-17A-Kanone mit 250 Schuß, an acht Außenlaststationen können folgende Waffen mitgeführt werden: R-60 (AA-8 Aphid) Luft-Luft-Lenkwaffen, ungelenkte Raketen von 57 mm bis 330 mm, Kh-23 (AS-7 Kerry), Kh-25 (AS-10 Karen) und Kh-29 (AS-14 Kedge) Luft-Boden-Flugkörper.

Erstflug:	22. Februar 1975

Su-27IB (Su-34), die zweisitzige Jagdbomberversion. Die beiden Piloten sitzen nebeneinander.

Die Arbeiten an der Su-27 begannen bereits 1969, als man im OKB von Suchoj begann, ein neues Jagdflugzeug zu entwickeln. Der erste Prototyp, die Suchoj T-10-1 startete am 20 Mai 1977 im Testzentrum Schukowski mit Wladimir Iljuschin im Cockpit zu seinem Erstflug. Angetrieben wurde die Maschine von zwei AL-21F-3 Mantelstromtriebwerken. Es folgten

IINFO ▶ Die Su-27 Flanker wurde als Luftüberlegenheitsjäger entwickelt und erregt bei den öffentlichen Auftritten jedesmal großes Aufsehen durch die an der Grenze des Möglichen durchgeführten Vorführungen, was schon zweimal zum Verlust des Flugzeuges führte. Zuletzt beim Aero Salon 1999 in Paris-Le Bourget.

weitere acht Prototypen. Ab der T-10-3 waren diese mit den neuen Lyulka AL-31F Triebwerken ausgerüstet. Bei der Erprobung der Flugzeuge stellten sich zahlreiche Mängel heraus, so daß man beschloß, die Auslegung vollständig zu ändern. Die T-10-7 wurde als erste Maschine mit der geänderten Konstruktion fertiggestellt und erhielt die neue Bezeichnung T-10S-1. Sie absolvierte ihren Erstflug am 20. April 1981. Die Produktion der Su-27 Flanker-B begann in 1982 und ab Mitte der 80er Jahre wurden die ersten Su-27 Flanker-B an die Frontstaffeln der sowjetischen Luftwaffe ausgeliefert. Nach dem Zerfall der UdSSR übernahmen Rußland, Weißrußland und die Ukraine die Flugzeuge. Erster Exportkunde wurde China. China erhielt in drei Lieferlosen rund 50 Flugzeuge, unter denen sich auch neuere Versionen wie die Su-30 befinden sollen.

Auf der Basis der Su-27 Flanker-B wurde ein Doppelsitzer entwickelt. Der Prototyp hat die Bezeichnung T-10U-1 und startete am 7. März 1985 zu seinem Erstflug. Pilot war Nikolai Sadownikow. Die Serienversion heißt Su-27UB Flanker-C. Ihre Fertigung wurde 1986 aufgenommen und die Auslieferung begann 1987. Die Su-27UB unterscheidet sich äußerlich von der Su-27 durch den verlängerten Vorderrumpf mit dem zweiten in der Höhe versetzten Cockpit.

Typenvielfalt

Als Jagdbomber entwickelte das OKB Suchoj die Su-27IB. Für Verwirrung sorgten hier die unterschiedlichen Bezeichnungen Su-34, Su-27KU und Su-32FN, wobei es sich bei den beiden letzten um die Bezeichnung für schiffsgestützte Trainer handeln sollte. Die erste Su27IB wurde aus der Zelle einer Su-27UB umgebaut. Allerdings sitzt jetzt die Besatzung nicht mehr hintereinander, sondern nebeneinander. Auch das Fahrwerk

wurde grundlegend geändert und verstärkt. Das Bugrad wurde mit einer Doppelbereifung ausgerüstet, ebenfalls das Hauptfahrwerk, allerdings hier in Tandemanordnung. Als weiteres äußeres Merkmal verfügt sie über Canards. Das Cockpit ist gepanzert und der Heckausleger wurde für die Aufnahme des N-012 Radars mit einer Reichweite von 30 bis 50 km vergrößert. Den Erstflug führte Anatoli Iwanow am 13. April 1990 in Schukowski mit der "42" durch. Die Su-27IB soll die Su-24 Fencer und Su-25 Frogfoot bei den Einsatzverbänden ablösen. Es folgten drei Vorserienmuster, die "43" (Erstflug 18. September 1993), die "44" (Erstflug 26. Dezember 1996) und die "45" (Erstflug 28. Dezember 1994/Su-32FN). Die Serienproduktion lief 1996 an. Angeblich wurden bis jetzt zehn Serienflugzeuge fertiggestellt. Als Antrieb kommen zwei Saturn AL-35F mit einem Nachbrennerschub von 137 kN (14.000 kp) zum Einbau. Fest eingebaut sind zwei 30 mm Kanonen. Außerdem kann die Su-27IB bis

Die Su-30MK ist ein zweisitzige Mehrzweckkampfflugzeug der Flanker. Sie ist die Exportversion des Abfangjägers Su-30.

Su-27 des russischen Demonstrationsteams im Verband mit einer Aero L-59 aus Tschechien und einer F-16A der holländischen Luftwaffe.

zu 8200 kg Außenlasten mitführen, dazu gehören R-73 und R-77 Luft-Luft-Lenkwaffen, die Kh-31P Anti-Radar-Lenkwaffe, die Kh-31A und Kh-35 Anti-Schiffs-Lenkwaffen sowie die Luft-Boden-Lenkwaffen AS-10 Karen, AS-14 Kedge und AS-11 Kilter.

Su 27K für Flugzeugträger

Für den Einsatz auf Flugzeugträgern entwickelte Suchoj die Su-27K, die auch als Su-33 bezeichnet wird. Äußeres Merkmal sind die Canards, die hochklappbaren äußeren Tragflächen und der Fanghaken. Diese Version absolvierte unter der Führung von Victor Pugatschow ihren Erstflug am 17. August 1987. Die erste Landung auf dem Flugzeugträger Kuznetsow führte Victor Pugatschow am 1. November 1989 durch. Die

maximale Außenlast beträgt 6500 kg. Als Su-27M (früher als Su-35 bezeichnet) fliegt seit dem 28. Juni 1988 ein Luftüberlegenheitsjäger. Es wurden sechs Prototypen gebaut. Die Su-27M verfügt über ein neues N-011 Mehrfunktionsradar sowie ein digitales Fly-by-wire System und ein Cockpit mit vier farbigen Flüssigkristallbildschirmen von Sextant Avionique und Head-Up-Display. Das N-011-Radar verfügt über eine Antenne mit elektronischer Strahlschwenkung. Die Reichweite liegt bei 140 bis 160 km. Es können gleichzeitig 20 Ziele verfolgt und acht davon bekämpft werden. Außer dem neuen Radar kommt noch ein Laser-Entfernungsmesser und ein Infrarotsensor zum Einbau. Sie besitzt ebenfalls Canards zur Erhöhung der Wendigkeit sowie in den Seitenleitwerken eingebaute Kraftstofftanks. Als doppelsitziger Langstreckenjäger erschien die Weiterentwicklung Su-30 mit einer Reichweite von ungefähr 3000 km. Mit Luft-Luft-Betankung kann die Reichweite auf 5800 km gesteigert werden. Die Su-30 basiert auf der Su-27UB. Sie ist mit einem einziehbaren Luftbetankungsstutzen und verbesserter Avionik ausgerüstet. Der Erstflug fand am 30. Dezember 1989 statt. Die Su-30 kann auch als Jägerleitflugzeug eingesetzt werden. In diesem Fall wird im hinteren Cockpit eine zusätzliche Ausrüstung eingebaut. Für die Selbstverteidigung ist sie dann nur mit Luft-Luft-Lenkwaffen ausgerüstet.

Exportversion Su-30MK

Die Su-30MK ist die Exportversion. Sie ist als Mehrzweckkampfflugzeug ausgelegt, das in der Lage ist, eine Vielzahl von Luft-Boden-Waffen einzusetzen. Dazu wurden zwei zusätzliche Außenlaststationen eingebaut. Für den Einsatz der unterschiedlichen Waffen wurde die Su-30MK mit einem Laserzielerfassungsgerät und Infrarotsensoren ausgerüstet. Zur Navigationsunterstützung steht eine kombinierte Trägheitsplattform mit GPS zur Verfügung.

Indien hat 40 Suchoj Su-30MKI bestellt. Vier Maschinen wurden zunächst mit der Bezeichnung Su-30PK im März 1997 geliefert. Einer der Prototypen der Su-27M/Su-35 wurde 1995 mit zwei neuen Saturn AL-37FU mit einer Schubvektorsteuerung ausgerüstet. Diese Maschine erhielt die neue Bezeichnung Su-37. Die Su-37 gehört zu den Kampfflugzeugen der vierten Generation. Der Erstflug erfolgte am 2. April 1996 unter der Führung von Jevgeni Frolow.

Hersteller:	Suchoj, Rußland
Verwendung:	Abfangjagdflugzeug
Besatzung:	1
Triebwerk:	Zwei Mantelstromtriebwerke NPO Saturn (Lyulka) AL-31F mit je 79,43 kN (8100 kp) Standschub ohne und 122,58 kN (12.500 kp) mit Nachbrenner

Abmessungen und Leistungen:

Länge ohne Staurohr:	21,90 m
Höhe:	5,90 m
Spannweite:	14,70 m
Flügelfläche:	63,20 m2
Spannweite des Höhenleitwerks:	9,90 m
Radstand:	5,88 m
Spurweite:	4,33 m
Rüstmasse:	17.700 kg
normaler Tankinhalt:	5270 kg
maximaler Tankinhalt:	9400 kg
maximale Waffenlast:	6000 kg
normale Startmasse:	23.250 kg
maximale Startmasse:	33.000 kg
Höchstgeschwindigkeit in Meereshöhe:	1370 km/h
Höchstgeschwindigkeit in 11.000 m Höhe:	2280 km/h
Steiggeschwindigkeit:	330 m/sek
Dienstgipfelhöhe:	17.700 m
Reichweite in großer Höhe:	3680 km
Reichweite in niedriger Höhe:	1370 km
Startstrecke mit maximaler Startmasse:	450 m
Landestrecke:	700 m
Bewaffnung:	Eine 30 mm GSh 30-1 Revolverkanone mit 150 Schuß, an zehn Außenlaststationen können folgende Waffen mitgeführt werden: sechs R-27 (AA-10 Alamo) und vier AA-11 Archer Luft-Luft-Lenkwaffen.
Erstflug:	20. April 1981

Bücher zum Abheben!

Das Luftfahrt-Buch-Programm von GeraMond vereint die Kompetenz bekannter Fachautoren mit ausgezeichneter Bebilderung. Zu günstigen Preisen!

Gerhard Siem
Mit dem Zeppelin um die Welt
128 Seiten, 200 Abb. Format 24 x 30 cm
geb. mit Schutzumschlag, ISBN 3-932785-84-3
nur
DM **49,80**

Bernd und Frank Vetter
Jets am Limit
128 Seiten, 140 Abb. Format 24 x 30 cm
geb. ISBN 3-932785-83-5
nur
DM **49,80**

Gerhard Lang
**Taschenbuch
Verkehrsflugzeuge**
144 Seiten, 200 Abb. Format 11,5
x 16,5 cm
brosch. ISBN 3-932785-80-0
nur
DM **19,80**

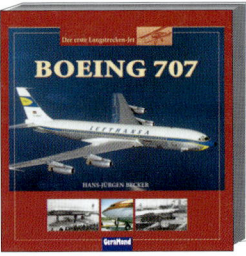

Hans-Jürgen Becker
Boeing 707
128 Seiten, 130 Abb. Format 24 x 24 cm
geb. ISBN 3-7654-7227-1
nur
DM **39,80**

Jürgen Rosenstock
Flugboote über dem Atlantik
128 Seiten, 130 Abb. Format 24 x 30 cm
geb. ISBN 3-7654-7225-5
nur
DM **49,80**

Im guten Buchhandel, im Fachhandel oder direkt beim
GeraMond Verlag, 81602 München. Gesamtprospekt gratis
GeraMond online: http://www.geranova.de